KB044087

스크래치 프로그래밍으로 배우는

창의설계 코딩

박신성 지음

光文閣
www.kwangmoonkag.co.kr

머리말

4차 산업혁명 시대는 로봇이나 인공지능으로 무장한 컴퓨터와 인류가 협동하는 사회가 될 것이라고 전문가들은 말하고 있습니다. 기존의 독립적인 업무에 인공지능, 기계, 로봇 등이 접목되면서 이를 다룰 수 있는 창의성을 가진 인간이 중요한 역할을 할 것이라는 데 대부분 동의하고 있습니다.

전 세계적으로 아이들 또는 비전공자에게까지 코딩 교육과 창의설계 교육을 하려는 이유는 무엇일까요? 애플 창업자 스티브 잡스는 "이 나라에 살고 있는 모든 사람은 컴퓨터 프로그래밍을 배워야 한다. 프로그래밍은 생각하는 방법을 가르쳐 주기 때문이다"라고 코딩 교육의 중요성을 강조하였습니다. 모든 사람을 '프로그래머로 양성하겠다'라는 것이 아니라 창의, 논리적인 사고를 키우기 위함입니다. 창의적인 사고는 이전의 생각과는 다른 새로운 생각을 말하고, 남들과 다른 관점과 시각으로 사물과 현상을 보고 새로운 것을 생각해 내는 능력을 말합니다.

창의설계 코딩 교육은 단순히 코딩 교육에만 국한되지 않고 다른 과목에서 배우는 내용과 연결하여 스스로 문제를 찾아 해결하는 방법을 찾고, 그 과정과 내용을 공유하고 협업하면서 해결 방법을 스스로 터득하게 해 줍니다. 이러한 일련의 과정을 통하여 하나의 문제를 해결하고, 더 나아가 한 단계 높은 수준의 문제를 스스로 찾아서 해결할 수 있는 능력이 생기게 됩니다.

과거에는 C언어, Java 등 복잡하고 이해하기 힘든 프로그래밍 언어를 배워야만 코딩을 할 수 있어서 어린이나 일반인이 코딩, 즉 프로그램을 짜는 것은 거의 불가능하였습니다. 하지만 최근에는 코딩 교육의 중요성이 부각되면서 마치 레고 블록을 조립하듯이 제공되는 코딩 블록을 이용해서 쉽게 코딩을 할 수 있는 코딩 교육 플랫폼들이 많이 개발되어, 이를 이용하면 쉽게 창의적으로 코딩을 해볼 수 있게 되었습니다.

본 교재는 블록코딩 플랫폼의 하나인 스크래치 프로그래밍으로 다양한 장치로 구성된 창의설계 키트를 차례대로 하나씩 제어해 보는 코딩을 해보면서 주어진 문제들을 창의적이고 논리적으로 직접 설계하고 해결해 나가는 체험을 할 수 있도록 구성하였습니다.

이 교재를 출판해 주신 광문각출판사 박정태 회장님과 임직원분들께 감사드립니다.

저자 씀

CONTENTS

CHAPTER

01

논리적 사고를 향상시키는 창의설계 코딩

CHAPTER 01

논리적 사고를 향상시키는 창의설계 코딩

1 코딩이란?

하루가 다르게 엄청난 양으로 늘어가는 우리 주변의 수많은 물건을 어떻게 관리해야 쉽게 분류하고 빨리 찾을 수 있을까요? 통기타를 연주할 때 어떤 화음으로 반주를 할지 노래책 악보에 어떻게 표시하나요? 그리고 컴퓨터 통신에서 'Hello!'라는 문자를 어떤 방법으로 전송할까요?

이러한 물음들에 대해 인류는 다양한 모양과 체계의 코드(code)를 설계하고 개발하여 사용하고 있으며, 더욱 효과적인 방법들을 새롭게 고안하며 발전시키고 있습니다. 이러한 코드를 알게 모르게 거의 항상 사용하고 있는 우리는 이제부터 코딩이라는 관점에서 스마트폰이나 PC 또는 자동차와 같은 주변의 기계에 대해 더 잘 이해하고, 나아가 직접 자동차나 탱크 로봇과 같은 기계를 우리 의도대로 제어하고 동작시키는 다양한 내용의 문제를 이해하고 창의적으로 설계하며, 논지적인 코딩으로 구현하고 또 수정하면서 개선하는 실습을 진행합니다.

먼저, 코딩이 뭔가를 알려면 먼저 코드가 뭔가를 좀 더 살펴보아야겠죠? 우선 다음 이미지들을 잠시 살펴봅시다. 아래 이미지들은 순서대로 바(bar) 코드, QR 코드, 기타 코드, 모스(morse) 코드, 아스키(ASCII) 코드 그리고 프로그램 코드를 보여 주고 있습니다. 네, 이들은 모두 코드이며 각각 뭔가에 해당하는 정보를 전달하기 위해 사용됩니다. 즉 코드란 어떤 정보를 전달하기 위해 사용하는 기호나 그림 등을 의미하는데, 우리가 앞으로 배우고자 하는 내용에서 말하는 코드란 어떤 정보를 다른 형태로 변환하는 규칙을 의미합니다.

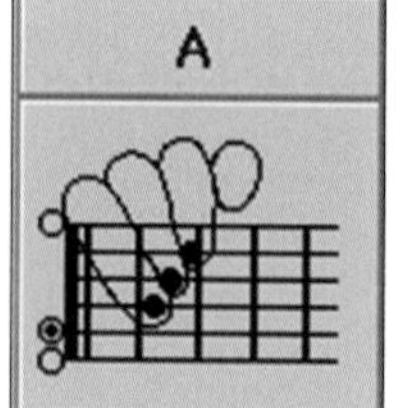

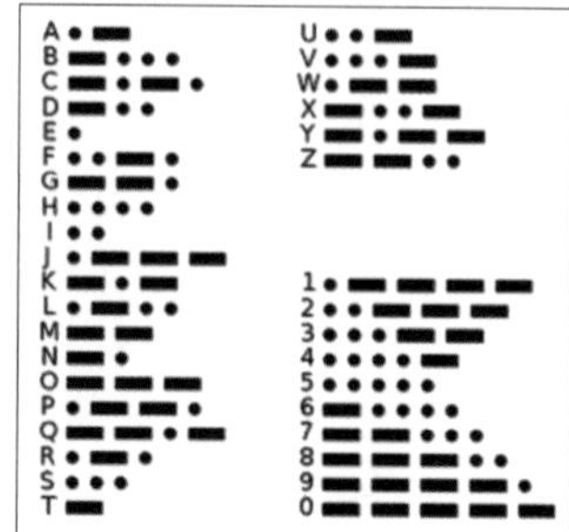

The ASCII code

American Standard Code for Informatio

ASCII control characters

DEC	HEX	Simbolo ASCII	
00	00h	NULL	(carácter nulo)
01	01h	SOH	(inicio encabezado)
02	02h	STX	(inicio texto)
03	03h	ETX	(fin de texto)
04	04h	EOT	(fin transmisión)
05	05h	ENQ	(enquiry)
06	06h	ACK	(acknowledgement)
07	07h	BEL	(timbre)

```
16      edgecount = 0;
17      for j = 1:nnb
18         for k = j+1:nnb % symmetry saves work: k > j
19            if A(nb(j),nb(k))
20               edgecount = edgecount + 1;
21               disp('I found an edge !');
22            end
23         end
24
25      end
```

그렇다면 코딩(coding)이란 뭘까요? 영어의 진행형인 '~ing'가 붙은 것으로 보아 코딩이란 코드를 '진행하는' 것이 됩니다. 다시 말하면, 코딩이란 코드를 만드는 과정이나 행위를 말합니다. 그렇다면 약간은 사전적 의미가 되겠지만, 우리가 만든 코딩의 첫 번째 정의는 다음과 같이 말할 수 있겠습니다.

코딩이란 어떤 정보를 다른 형태로 변환하는 규칙을 만드는 과정이나 행위이다.

우리가 살펴본 여러 가지 코드의 보기에서 알 수 있듯이 우리가 인식하든 못하든 이미 우리 생활 주변에는 수많은 종류의 다양한 코딩들이 행해지고 있다고 할 수 있습니다. 예를 들어 우리가 규격화된 편지 봉투에 받을 사람의 우편번호와 주소를 적는 것도 어느 지역으로 분류되어 어느 집으로 배달되어야 할지를 알려주는 코딩 과정이라 할 수 있습니다. 이 외에 어떤 코드들이 있을까요? 그리고 왜 그런 코드를 만들어 사용할까요?

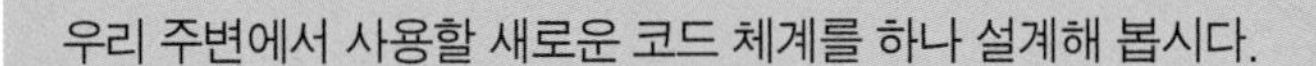

우리 주변에서 사용할 새로운 코드 체계를 하나 설계해 봅시다.

2 코딩과 프로그래밍

'코딩'이 코드를 짜는 과정과 행위를 말하듯, '프로그래밍(programming)'은 프로그램(program)을 짜는 과정과 행위를 말합니다. 그렇다면 코딩과 프로그래밍은 어떻게 다른 걸까요?

'코딩'과 '프로그래밍'의 차이에 대한 의견은 전후 문맥과 사람에 따라 약간씩 다를 수 있습니다. 예를 들어 영어 문장을 모스 코드로 바꾸거나 또는 영어 문장을 C나 java 코드로 바꾸는 등의 언어 변환 위주의 작업을 '코딩'이라고 하는 반면, 알람 시계를 일어날 시간에 맞춘다든가 보일러 온도를 설정하거나 라디오 채널을 설정하는 등의 기계가 어떤 결과 동작을 실행하도록 하기 위한 지시 과정을 설정하는 작업을 '프로그래밍'이라고 엄격하게 구분하여 말하는 경우도 있습니다.

하지만 특별한 경우가 아니면 일반적으로 코딩과 프로그래밍은 같은 의미로 많이 사용되고 있으며, 우리 교재에서도 코딩과 프로그래밍을 명시적으로 특별히 구분하여 말하는 경우 이 외에는 코드와 프로그램을, 그리고 코딩과 프로그래밍을 같은 의미로 사용합니다. 그리고 앞에서 살펴본 다양한 분야의 코딩 중에서도 우리가 이 교재에서 특별히 관심을 가지고 다루고자 하는 분야는 컴퓨터와 관련된 코딩입니다. 그래서 우리가 앞으로 사용할 코딩의 개념을 다음과 같이 정리하고 넘어가기로 합니다.

> 코딩이란 컴퓨터에게 내리는 제어 명령 등의 코드를 만드는 과정 및 행위이며, 프로그래밍 언어로 작성된 프로그램을 만드는 과정 및 행위를 말한다.

3 알고리즘이란?

코딩을 이야기할 때 알고리즘에 대한 이야기를 빼 놓을 수 없습니다. 코딩과 알고리즘은 서로 아주 밀접한 관련성이 있습니다. 사실 알고리즘의 개념도 알고 보면 별거 아닌데요, 그럼 알고리즘이 무엇인가를 이해하기 위해서 다음과 같은 간단한 문제를 생각해 봅시다.

문제

다음 그림에서와 같이 거북이가 한 변의 길이가 각각 100m인 사각형 운동장 둘레를 한 바퀴 돌아서 다시 원래 위치로 되돌아오도록 하세요. 단, 거북이가 바라보는 방향도 처음과 마지막이 동일한 방향이어야 합니다.

자, 이 문제를 어떻게 해결해야 할까요? 바꾸어 말하면 이 문제를 해결하기 위한 방법을 어떻게 설계해야 할까요?

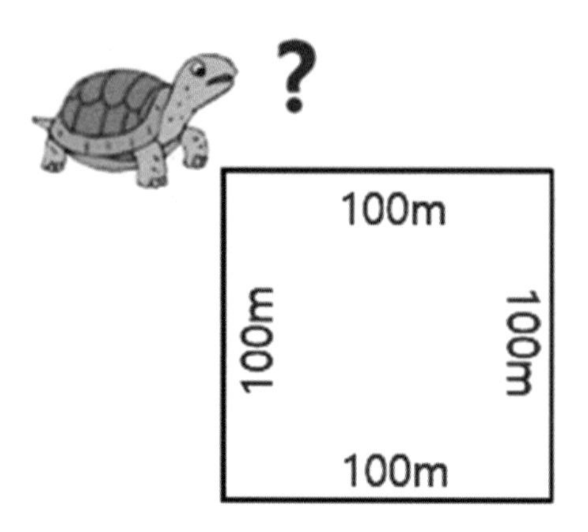

해결 방법은 무척 간단하죠?! 네, 간단히 말하면 다음 그림처럼 사각형의 각 변에 대해 100m 따라가서 모서리에서 오른쪽으로 90도 회전하기를 차례로 계속하면 처음 위치로 되돌아옵니다.

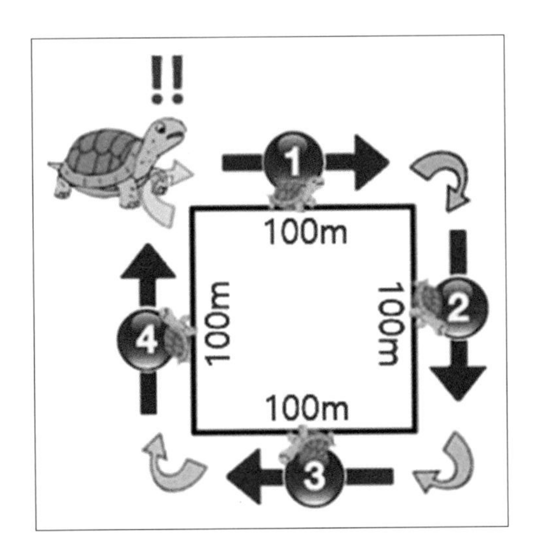

이 해결 과정을 순서에 따라 차례로 좀 더 자세하게 나열하면 다음과 같은 문장으로 표현할 수 있습니다.

"100m 직진한 후에 오른쪽으로 90도 회전하고, 다시 100m 직진한 후에 오른쪽으로 90도 회전하고, 다시 100m 직진한 후에 오른쪽으로 90도 회전하고, 다시 100m 직진한 후에 오른쪽으로 90도 회전한다."

이 방법은 위에서 주어진 문제에 대해 우리가 처음으로 생각해보는 첫 번째 해결 방법입니다. 이처럼 문제에 대한 해결 방법을 잘게 쪼개어 순서대로 나열한 것을 '**알고리즘**(Algorithm)'이라고 합니다. 그래요, 우리가 바로 위에서 문장으로 표현한 첫 번째 해결 방법이 우리가 처음으로 만들어 본 알고리즘이 되는 셈이죠. 어때요? 알고리즘도 알고 보니 별거 아니죠?

알고리즘이란 문제의 해결 방법을 잘게 쪼개어 순서대로 나열한 것이다.

그러면 문장으로 표현한 알고리즘을 좀 더 파악하기 쉽도록 표로 정리해 본다면 다음과 같이 표현할 수 있습니다. 이것은 표로 만든 알고리즘이라 할 수 있습니다.

순서	작업 진행 내용	참고 내용
1	100m 직진한다.	1번째 변의 둘레 100m 돌기
2	오른쪽으로 90도 회전한다.	
3	100m 직진한다.	2번째 변의 둘레 100m 돌기
4	오른쪽으로 90도 회전한다.	
5	100m 직진한다.	3번째 변의 둘레 100m 돌기
6	오른쪽으로 90도 회전한다.	
7	100m 직진한다.	4번째 변의 둘레 100m 돌기
8	오른쪽으로 90도 회전한다.	

또한, 이 과정을 도식화하고 그림으로 나타내어 또 다음과 같이 표시할 수도 있습니다. 이것은 그림으로 만든 알고리즘이라 할 수 있습니다.

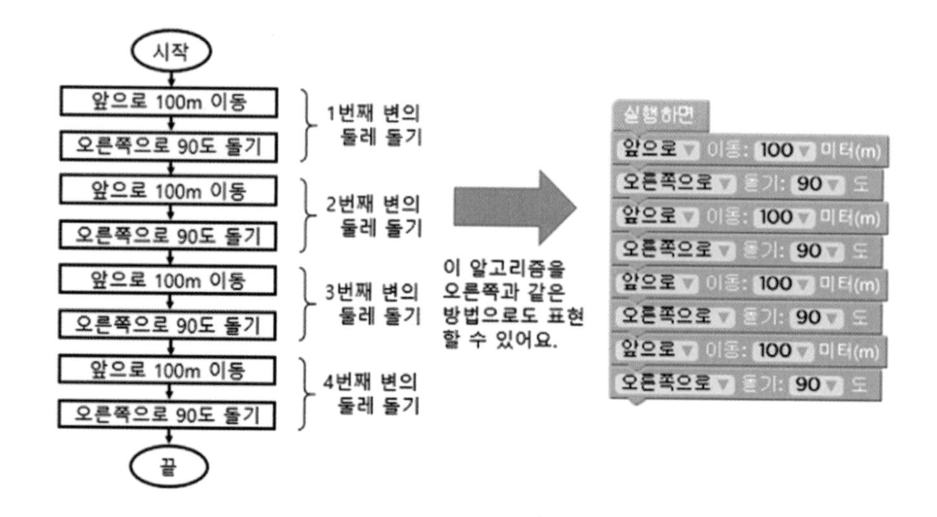

그런데 위의 해결 방법, 즉 우리가 설계한 첫 번째 알고리즘을 살펴보면 처음의 두 가지 작업인 '앞으로 100m 이동'하고 '오른쪽으로 90도 돌기' 작업이 계속해서 3번 더 반복되어 모두 4번이 반복됨을 볼 수 있습니다. 이렇게 같은 내용의 작업이 반복되는 부분을 모아서 정리해 보면 다음과 같이 좀 더 간단하게 설계할 수 있습니다. 즉 우리가 만드는 두 번째 알고리즘을 문장으로 표현하면 다음과 같습니다.

> "100m 직진한 후에 오른쪽으로 90도 회전하기를 4번 반복한다."

어때요? 정말 간단하고 보기 좋죠?! 그리고 이 멋진 두 번째 알고리즘도 다음과 같이 표로 보여주거나 또는 기호나 이미지로 도식화하여 다음과 같이 보여줄 수 있습니다.

순서	작업 진행 내용	참고 내용
1	100m 직진한다.	N번째 변의 둘레 100m 돌기 (N= 1, 2, 3, 4)
2	오른쪽으로 90도 회전한다.	
3	위의 1~2번 순서를 3회 더 반복한다.	모두 4번 진행

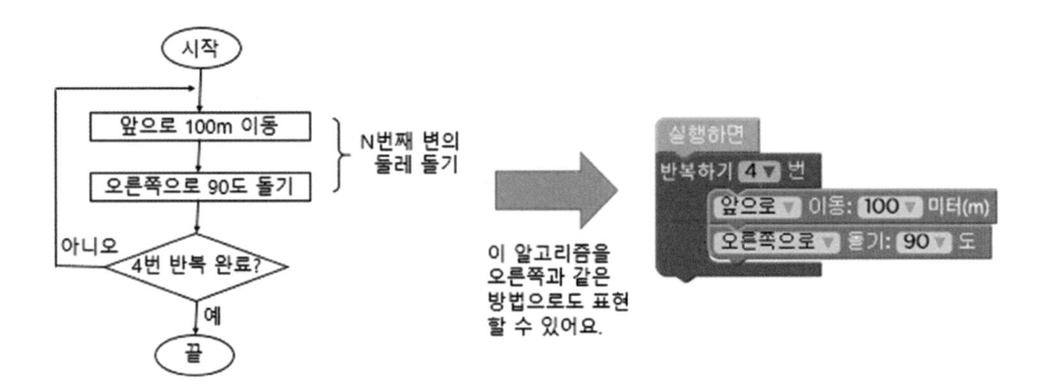

확실한 이해를 돕기 위하여 이와 비슷한 예를 하나만 더 살펴보죠. 바로 1부터 100까지 더한 합을 구하는 다음의 문제입니다.

문제

자연수 1에서 100까지의 수를 모두 더한 합계를 구하시오.

이 문제를 풀 때 다음과 같이 좀 전에 배운 반복시키는 방법을 바로 적용하여 해법을 설계할 수 있습니다.

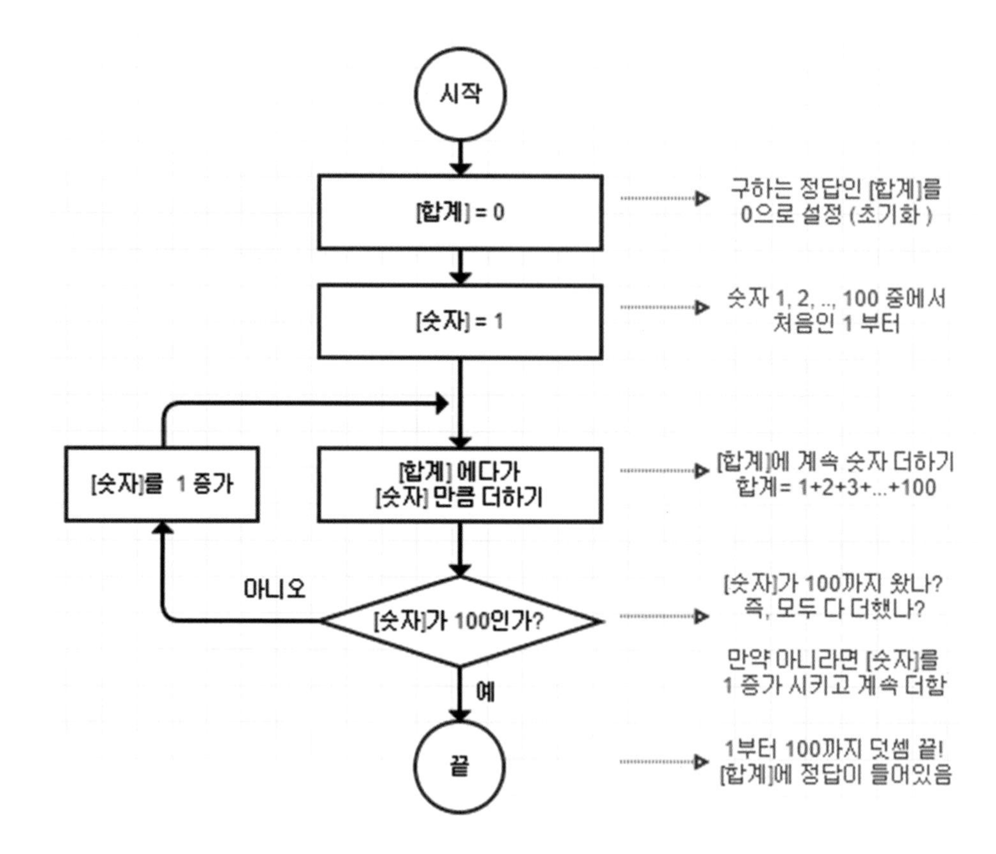

4 좋은 코딩, 나쁜 코딩

바로 앞에서 우리는 한 가지 주어진 문제에 대해 두 가지의 해결 방법을 생각해 보았습니다. 이 방법들은 작업 진행 후의 결과는 모두 동일하지만 두 번째 방법이 훨씬 더 간결합니다. 다시 말하면 첫 번째 알고리즘에서와 같이 무작정 중복해서 계속 나열하기 보다는 두 번째 알고리즘에서와 같이 중복되는 처리 과정을 반복시키는 방법이 훨씬 더 간략히 표현할 수 있으며, 또 다른 사람이 볼 때 이해하기도 더 쉬운 알고리즘이라고 할 수 있습니다.

예를 들어 거북이가 운동장을 1000번 반복해서 돌아야 하는 경우를 생각해보세요. 이 경우를 첫 번째 방법으로 표현하거나 설명하려면 아마 엄청 오래 걸리겠죠? 그런데 두 번째 방법으로 설명을 한다면 다음 그림과 같이 아주 간결하게 표현할 수 있습니다. 어때요? 이제 첫 번째 알고리즘보다 두 번째 알고리즘이 더 좋다고 확신할 수 있겠죠?

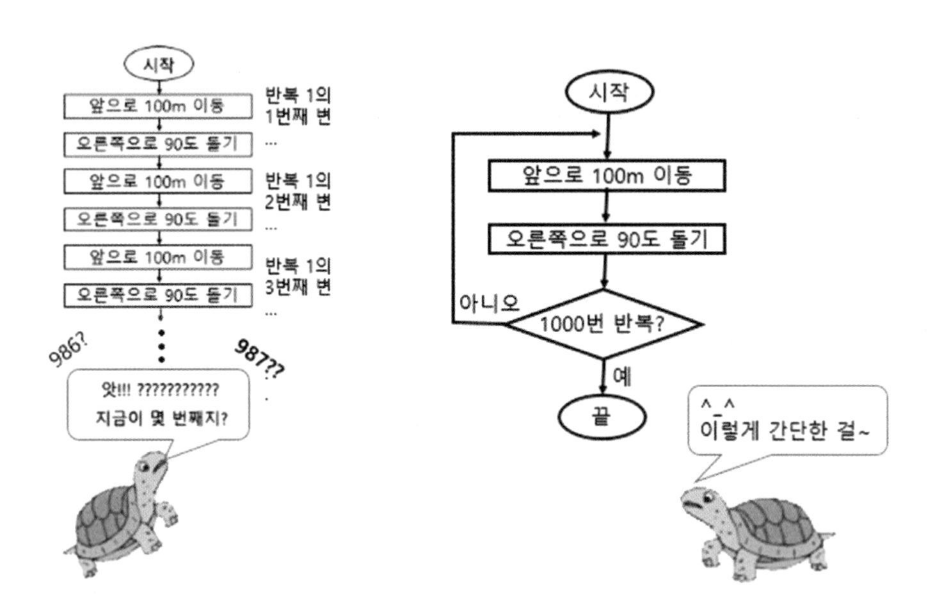

결국, 우리는 첫 번째 알고리즘으로 코드를 작성하는 것보다는 두 번째 알고리즘으로 코드를 작성하는 것이 더 좋은 코딩 방법이라고 할 수 있습니다. 다시 정리를

해서 말하자면, 첫 번째 알고리즘보다는 두 번째 알고리즘과 같이 해결 방법을 잘게 나누고 순서대로 정리하되 중복되는 부분이 많은 경우는 반복시키면서 처리하여, 간결하고 이해하기 쉬운 알고리즘으로 해결 방법을 구체적으로 설계해 나가는 것이 좋은 코딩 방법이라 할 수 있습니다.

해결 방법을 잘게 나누고 순서대로 정리하되 중복되는 부분이 많은 경우는 반복시키면서 처리하도록 알고리즘을 간결하고 이해하기 쉽게 설계해 나가는 것이 좋은 코딩 방법이다.

유명한 수학자 가우스는 학생 때 선생님이 다른 일을 하기 위하여1부터 100까지 더한 값을 구하라고 문제를 내었을 때 위와 같은 방법이 아니라 "1+100, 2+99, 3+98, …"과 같은 아주 독창적인 방법을 생각하여 금방 정답을 구하였다고 합니다. 가우스가 설계한 풀이 방법을 알아보고, 각자의 방법으로 그 알고리즘을 표현해 보세요.

5 프로그래밍 언어

사람과 사람 사이의 소통 수단으로 언어를 만들어 사용하듯 사람과 기계 사이의 소통을 위해서 사람들은 또 다른 종류의 언어를 만들었습니다. 바로 '**프로그래밍 언어(Programming Language)**'인데요, 말 그대로 프로그래밍할 때 사용하는 언어죠. 즉 사람이 기계에게 원하는 작업을 시키기 위해 명령 전달 수단으로 코딩할 때 사용할 언어를 만든 것이죠.

프로그래밍 언어란 기계가 어떤 작업을 하도록 사람이 만든 작업 지시서를 기계한테 전달할 때, 사람이 지시한 내용을 기계가 잘 이해하고 작업할 수 있도록 작업의 내용을 표현하는 언어이다.

프로그래밍 언어는 사람의 언어보다는 훨씬 더 역사도 짧고 간단하게 만들어졌지만, 사람의 언어와 무척 유사한 점이 많습니다. 사람과 기계의 소통에 필요한 단어들이 있고, 또 그 단어들을 나열하여 문장을 만드는 순서를 정하는 문법이 존재합니다. 다음은 사람의 언어와 프로그램 언어의 단어를 몇 개 보여주고, 실제로 사용하는 간단한 구문 예제를 보여줍니다.

구분	사람의 언어 (보기)	프로그래밍 언어 (보기)
단어	apple, eat, good, …	for, if, else, return, …

문법	eat an apple
	Good morning.
	A plus B equals C.
		C = A + B;
		If(C 〉 100)
		  print(100 초과);
		else
		  print(100 이하)

여기서 한 가지 더 살펴보고 넘어가야 할 부분이 있습니다. 우리가 여기서 '기계'라고 부르는 장치들은 좀 더 엄밀히 말하면 전기적 신호로 제어가 가능한 각종 전자장치들을 말하는데, 쉽게 말하면 컴퓨터라고 생각하면 됩니다. 이러한 전자 기계들은 전기가 연결되어 흐르거나(켜짐, ON, 1의 상태) 또는 전기가 차단되어 안 흐르거나(꺼짐, OFF, 0의 상태)하는 두 가지의 상태만으로 제어를 할 수 있습니다. 바꾸어 말하면 기계가 이해할 수 있는 소통 방식은 0 아니면 1인 전기의 흐름입니다. 바꾸어 말하면 기계는 0 아니면 1로 이루어지는 흐름의 이진법만 이해할 수 있습니다.

그런데 우리 사람들이 바로 이진법의 흐름으로 직접 코딩하기는 아주 어렵답니다. 그래서 사람들은 우리가 사용하는 언어와 비슷하여 쉽게 이해할 수 있는 프로그래밍 언어를 만들고, 그 언어로 작성된 내용을 기계가 이해할 수 있는 이진법의 데이터로 변환하여 기계로 전달하고 있습니다. 즉 사람이 프로그래밍 언어로 코딩한 내용을 기계가 사용하는 언어인 이진 실행 파일로 바꾸어 주는 다음 그림에서와 같은 번역 과정이 있다는 것이죠.

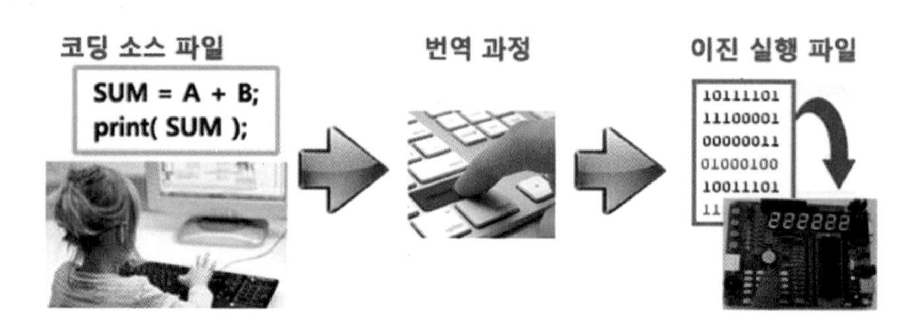

참고로, 이렇게 번역되는 과정을 '컴파일(Compile)'이라고 하는데, 컴퓨터 프로그램이 자동으로 번역하는 것을 '컴파일 한다'라고 말합니다. 마치 사람 사이의 자동 언어 번역기가 번역해 주는 것과 비슷한 개념입니다.

일단 여기서는 그런 번역 과정이 있구나 하는 정도로 넘어가기로 하겠습니다. 다만 우리가 코딩한 알고리즘 등이 기계로 전달될 때는 마지막 단계에서 내부적으로 이진 실행 파일로 다시 번역되어서 전달된다는 것은 반드시 기억해야 합니다.

10진법과 2진법 외에 우리가 생활 속에서 사용하고 있는 다른 진법에는 어떤 것들이 있으며, 또 어떻게 쓰이고 있는지 알아봅니다.

CHAPTER

02

창의설계 키트

창의설계 키트는 단순히 프로그래밍을 가르치는 교재에서 벗어나, 생각하고 만지고 놀면서 창의설계를 배우고 체험하는 과정에서 논리력 및 창의력 향상을 도와주는 재미있는 키트입니다.

- 쉬운 개방형 스크래치를 사용한 수준별 학습 테마
- 재미있는 빛과 소리 그리고 움직임을 만드는 실습
- 모터와 LED를 포함하여 다양한 센서 활용
- 상상에 기본 원리를 더한 DIY 창작 활동
- 실습을 통한 하드웨어 제어 개념 확립
- 순서도를 이용한 논리적인 사고력 향상

CHAPTER

02

창의설계 키트

창의설계 키트는 일상 생활을 접목하여 설계 개념을 쉽게 설명하여 이해를 돕고 있으며, 순서도를 따라가는 과정에서 창의설계 개념을 익히고 자신감을 가진 후에, 스크래치 프로그램을 사용하여 자동차와 탱크 및 컬러 LED 등을 제어하면서 움직이는 물체를 통해 논리력과 창의력의 향상을 직접 체험할 수 있도록 합니다.

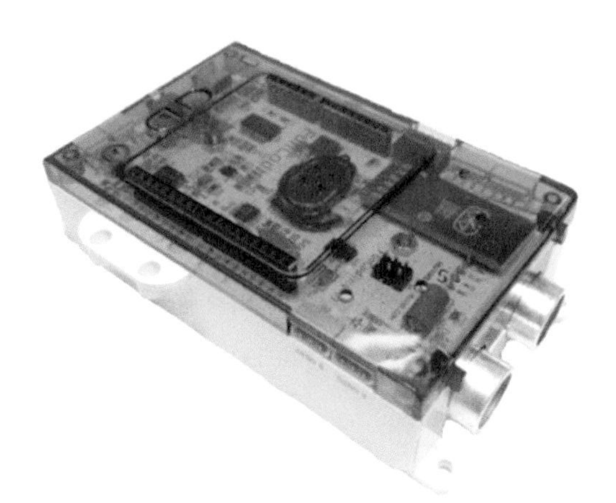

- 아두이노 우노 보드를 기반으로 LED, 스피커 등을 내장하고 있고, 2개의 모터를 제어할 수 있는 출력 단자를 갖고 있습니다.
- 초음파 센서, 진동 센서, 마이크, 스위치 등의 센서 등도 내장하고 있고, 외부 연결 핀을 이용하여 다양한 센서 실습이 가능합니다.
- 스크래치를 연동하여 코딩을 할 수 있습니다.

1 구성도

1) 메인 보드

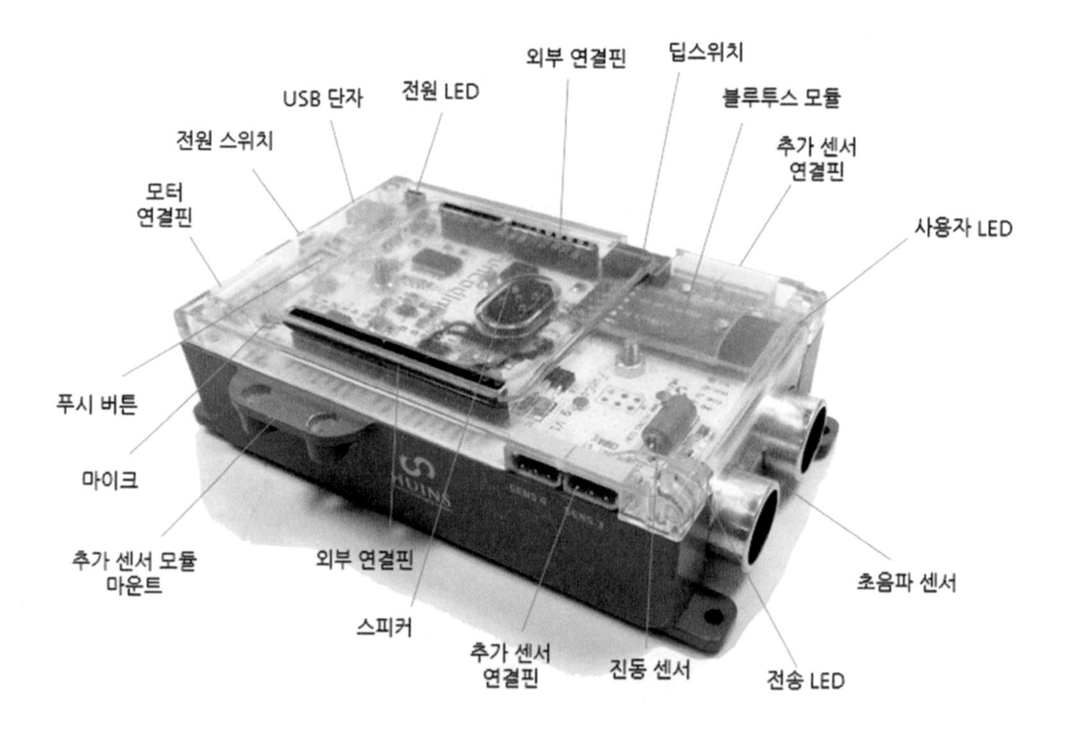

외부 연결핀
딥스위치
USB 단자
전원 LED
블루투스 모듈
전원 스위치
추가 센서
연결핀
모터
연결핀
사용자 LED
푸시 버튼
마이크
추가 센서 모듈
마운트
외부 연결핀
초음파 센서
스피커
추가 센서
연결핀
진동 센서
전송 LED

2) 구성품

CHAPTER

03

스크래치 창작 체험 실습 과정

CHAPTER

03 스크래치 창작 체험 실습 과정

1 창의설계 키트 시작하기

1) PC에 스크래치 설치하기

PC에 스크래치를 설치하기 위해 부록 CD 중 '설치파일' 폴더 안의 'Scratch-441.1.exe'과 'AdobeAIRInstaller.exe'을 설치합니다.

이름	수정한 날짜	유형	크기
RXTX-Lib-32-64	2016-02-02 오전...	파일 폴더	
AdobeAIRInstaller.exe	2015-06-23 오전...	응용 프로그램	17,632KB
Scratch-441.1.exe	2015-11-21 오후...	응용 프로그램	63,165KB

정상적으로 설치가 완료가 되면 바탕화면에 다음과 같이 스크래치 바로 가기가 생성됩니다.

2) 32-bit Java Runtime Environment 설치

http://www.filehorse.com/download-java-runtime-32/에 접속하여 아래와 같이 Java Runtime Environment(32-bit)를 설치합니다.

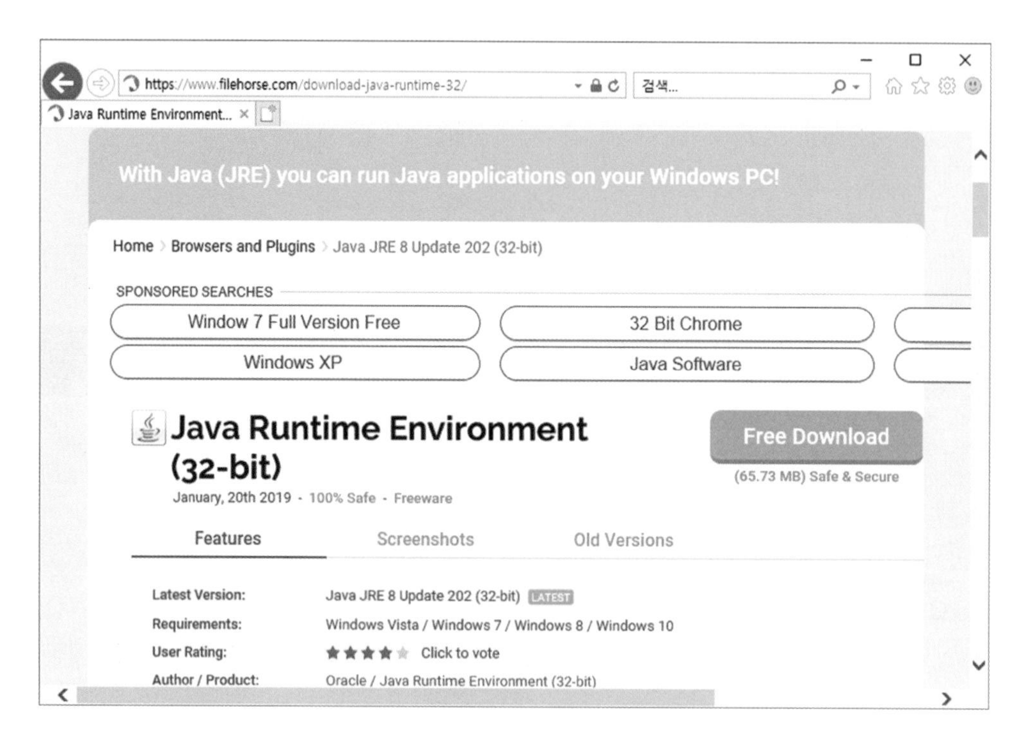

3) PC와 창의설계 키트 연결하기

(1) 창의설계 키트에 mini USB 케이블을 연결

창의설계 키트에는 PC와 연결할 수 있는 mini USB 단자가 있습니다. 이것을 이용하여 PC와 연결해서 스크래치에서의 명령을 창의설계 키트로 전달할 수 있습니다.

▪ 아래 그림의 USB 단자에 mini USB 케이블을 연결합니다.

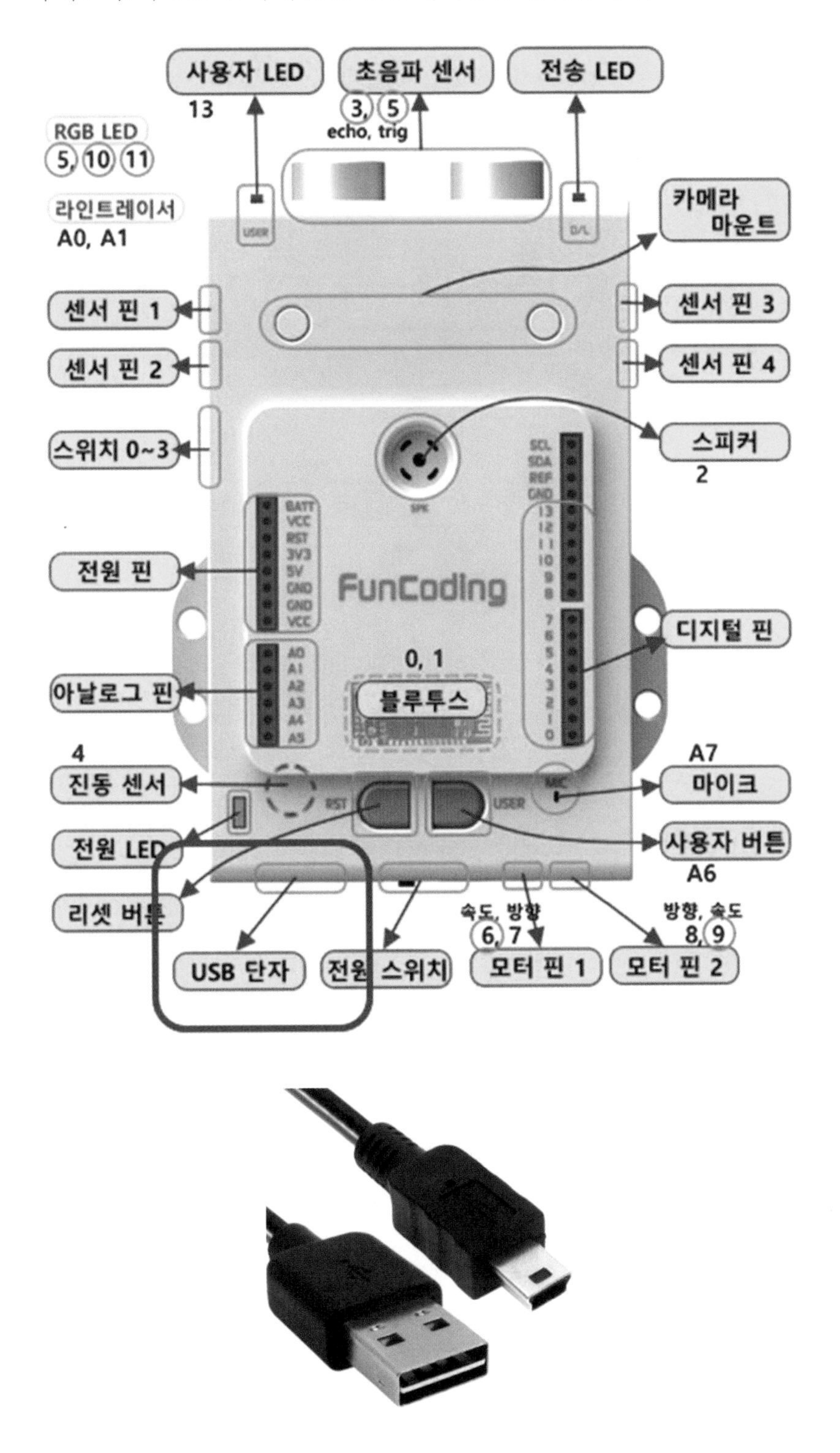

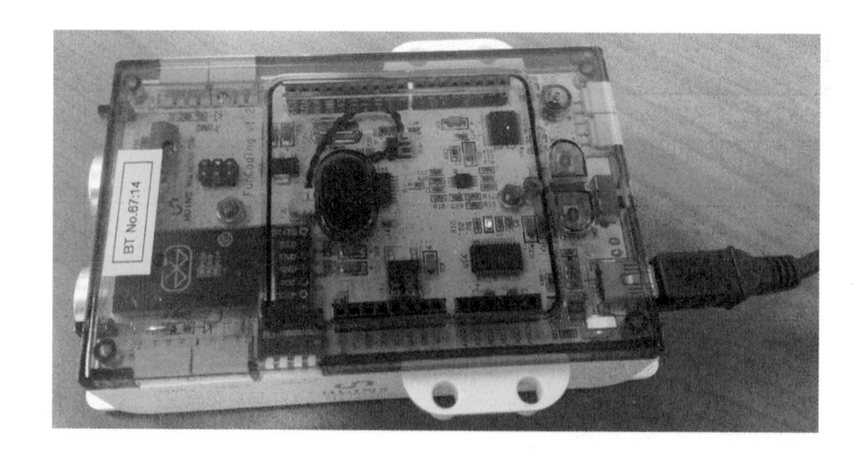

(2) 포트 번호를 확인합니다.

- PC의 장치관리자에서 포트 번호를 확인합니다. 장치관리자는 시작/실행에서 'devmgmt.msc'를 입력하고 엔터를 누르면 장치관리가 창이 뜹니다.

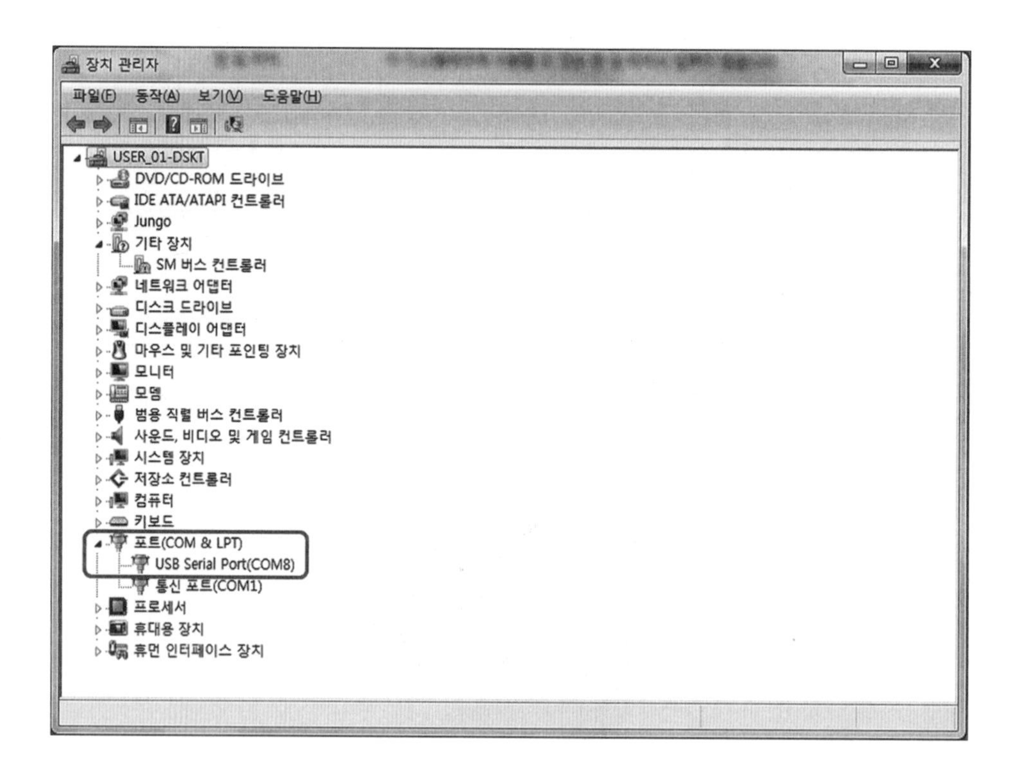

- 저와 같은 경우에는 'COM8' 입니다(단, PC마다 번호가 다를 수 있습니다).

(3) FunCoding.bat 파일을 실행

- 스크래치 프로그램과 창의설계 키트를 USB 포트를 통해서 연결하기 위해 CD 파일 안의 FunCoding.bat 파일을 실행합니다.

- 위에서 확인한 포트 번호를 입력합니다. 다음과 같이 실행이 된다면 정상적으로 연결이 된 것입니다(에러 메시지가 발생하면 포트 번호가 잘못되었거나 Java 설치에 문제가 있는 것입니다).

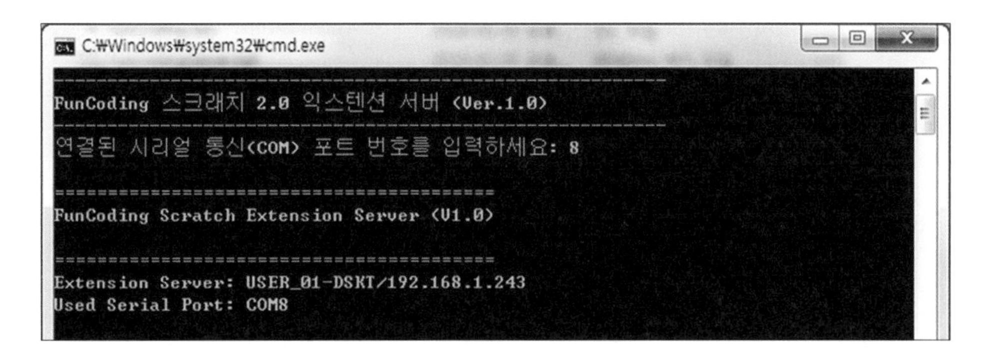

- 연결이 정상적으로 되었다면 스크래치 2.0을 실행하면 됩니다.
- 위 동작은 스크래치에서 창의설계 키트를 사용할 때마다 실행한 후 유지되어 있어야 합니다.

4) 창의설계 블록 추가하기

창의설계 키트와 PC가 정상적으로 연결되었을 때, 스크래치를 이용하여 창의설계 키트를 제어하려면 창의설계 키트 제어를 위해 제공되는 추가 블록을 불러와야 합니다.

(1) shift 키를 누른 상태에서 파일을 클릭

스크래치 2.0을 실행한 후에 shift 키를 누른 상태에서 파일을 클릭합니다.

- 다음과 같은 메뉴들이 보입니다.

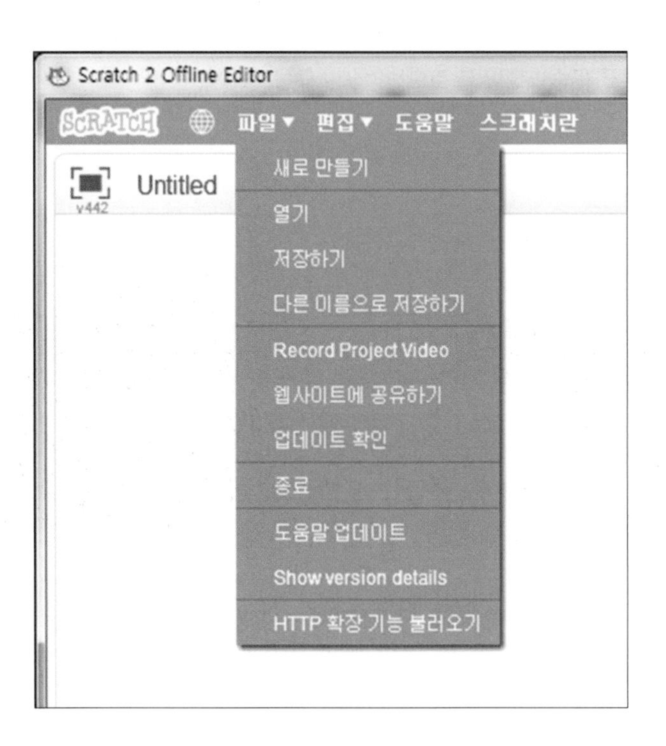

(2) HTTP 확장 기능 불러오기를 눌러서 블록을 추가하기

CD 파일 안의 'FunCoding.s2e' 파일을 클릭합니다.

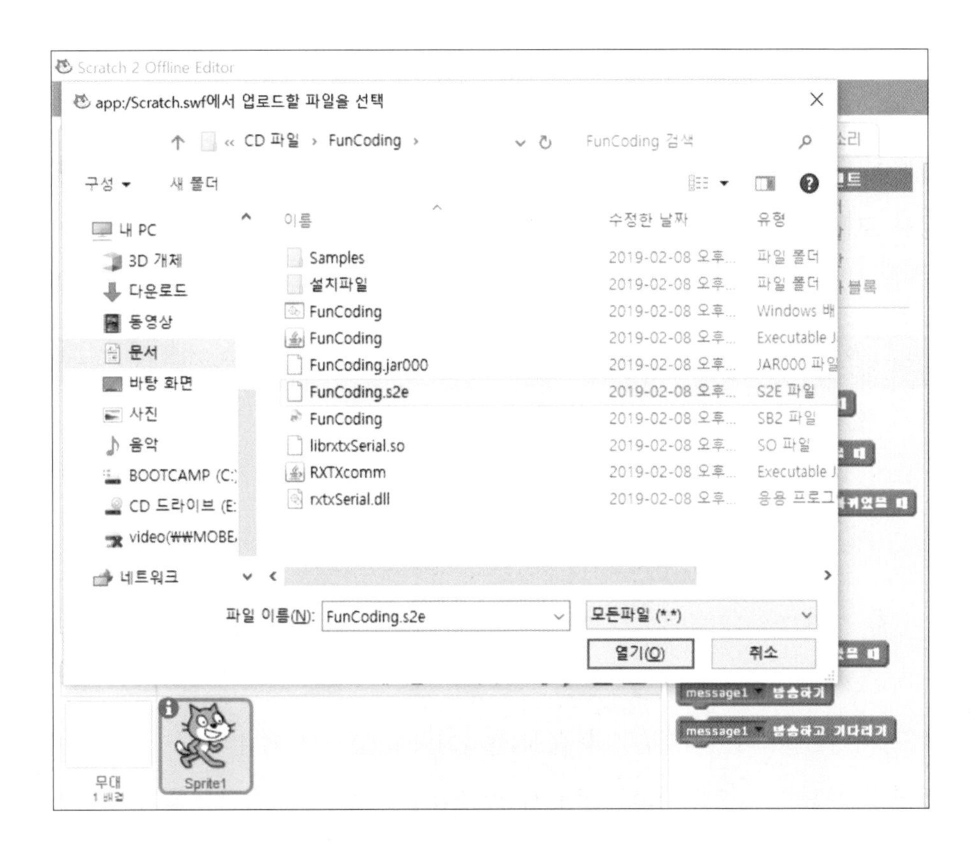

- 파일을 클릭하면 추가 블록에 'FunCoding 제어'라고 하는 블록들이 생성된 것을 확인할 수 있습니다.

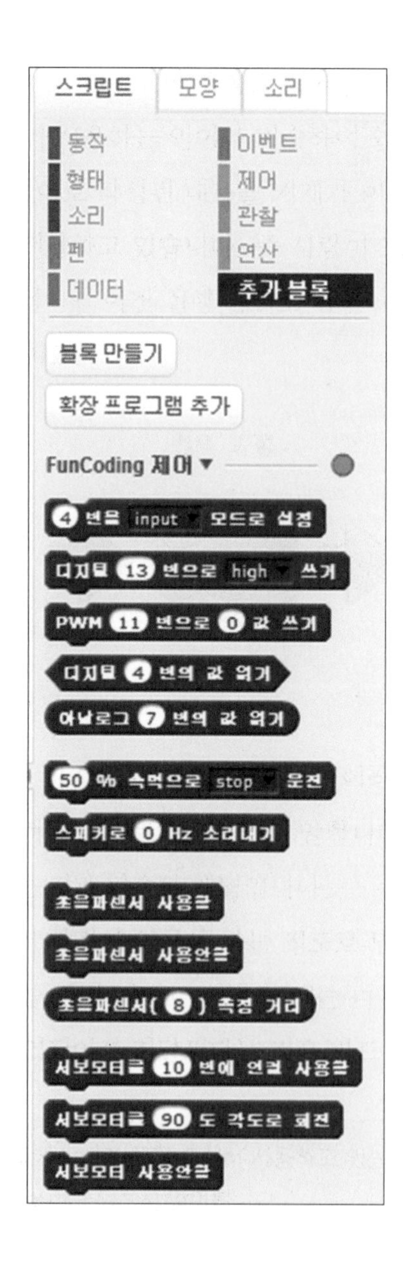

- 여기에서 참고적으로 'FunCoding 제어' 옆에 녹색 동그라미는 창의설계 키트와 연결이 잘 되었다는 것을 나타냅니다. 연결이 끊기면 빨간색으로 색이 바뀝니다.

2 전구를 켜보는 창작 체험

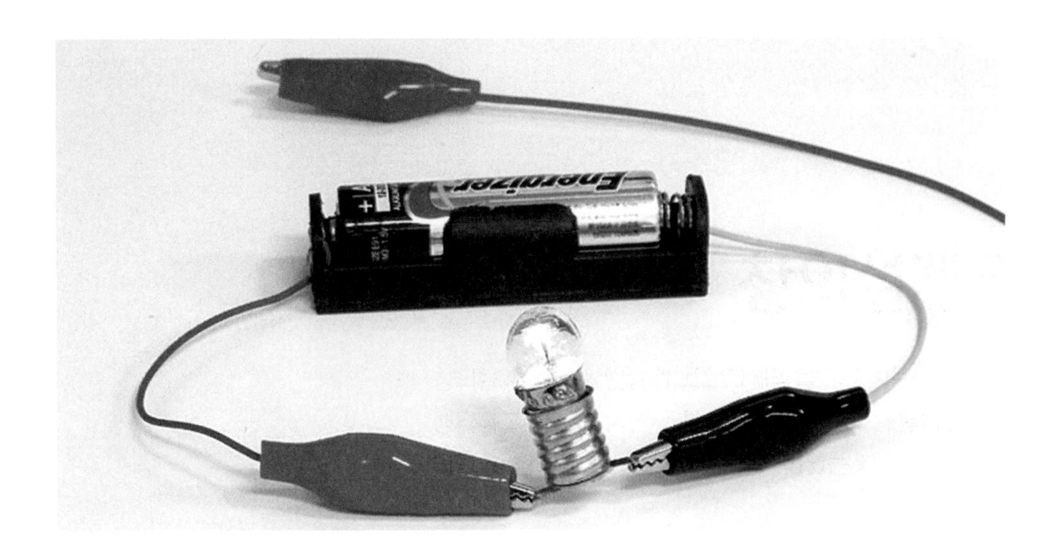

1) 전구 이야기

(1) 전구란 무엇인가?

전구는 전류를 통하여 빛을 내는 기구입니다. 진공 또는 비활성 기체가 들어 있는 유리알로 되어 있으며, 백열전구 · 네온전구 · LED (발광)전구 등이 있어요.

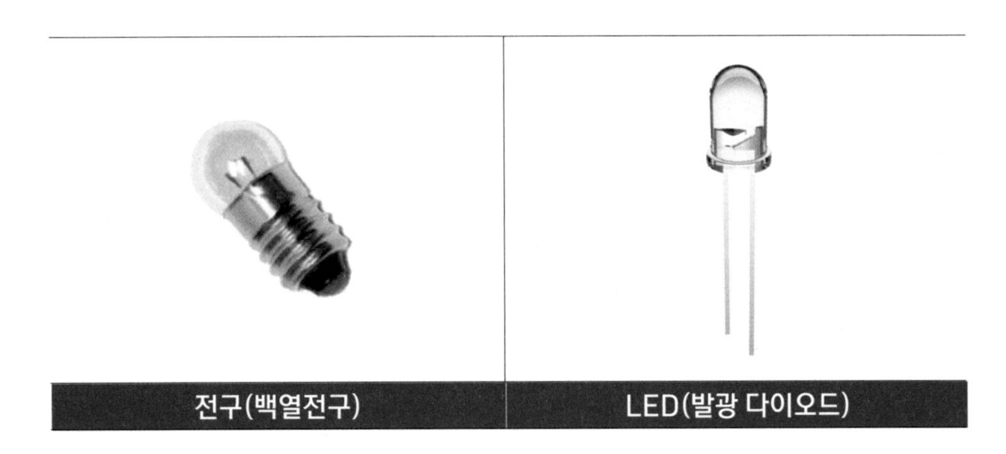

전구(백열전구)	LED(발광 다이오드)

- 현재 백열전구는 열이 많이 나고 전력 소모가 크기 때문에 최근에는 LED 전구를 많이 사용합니다. LED가 더 저렴하고 전력 소모가 적기 때문입니다.
- 창의설계 키트 실험으로 LED 전구의 특성을 이해하고 제어를 해보도록 해요.

(2) LED는 무엇일까요?

- LED는 발광 다이오드라고 부르며 'Light Emitting Diode'의 약자입니다.
- 신호등, 엘리베이터, 자동차 등에 사용되는 것으로 우리 생활에 아주 많이 사용되고 있어요.
- 직류 전원을 공급하면 빛을 내게 됩니다. 빨강, 초록 등 여러 가지 색을 키는 전구입니다.
- LED 전구는 직류 3V의 전기를 흘려주면 불이 켜집니다. 흔히 가정에서 사용하는 AA 건전지 두 개를 사용하면 됩니다.

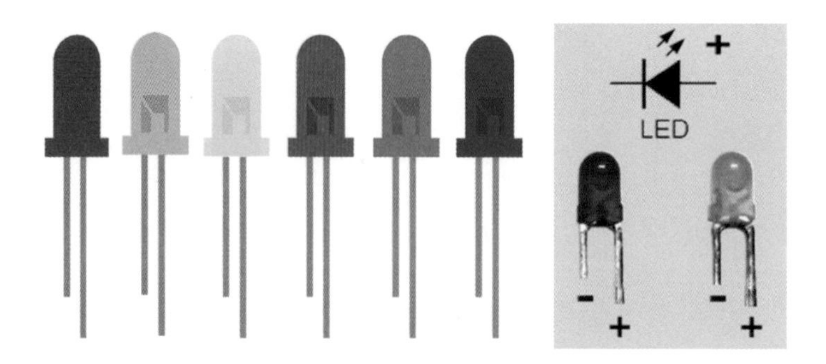

(3) LED 연결 방법은 다음과 같습니다.

1.5V 건전지 두 개를 연결하면 3V가 되어 불이 켜지게 됩니다.

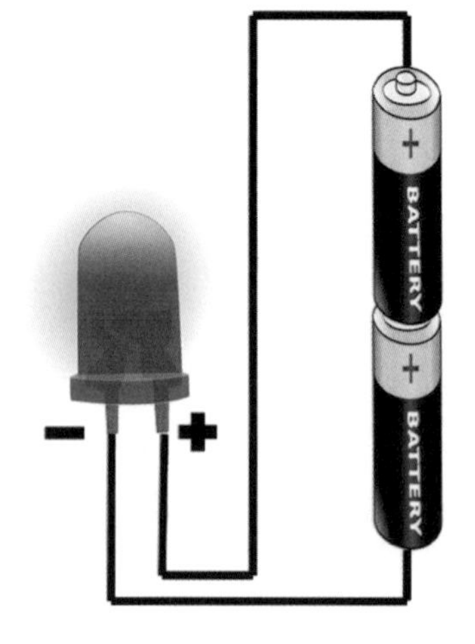

2) 무엇을 배울까요

(1) 학습 목표

- LED의 동작 원리를 배웁니다.
- LED를 켜보면서 다양한 장치의 사용 방법을 알아보아요.

(2) 학습 내용

- 1단계: LED 켜고 꺼보기
- 2단계: 깜박깜박 빛나는 LED 만들기

3) 실험 준비

실험을 위한 준비입니다. 미리 알아두어 실험에 도움이 되도록 합니다.

(1) 프로그램 실행을 위한 준비하기

- LED를 이용한 학습을 하기 위해서는 아래와 같은 실험도구를 준비합니다.

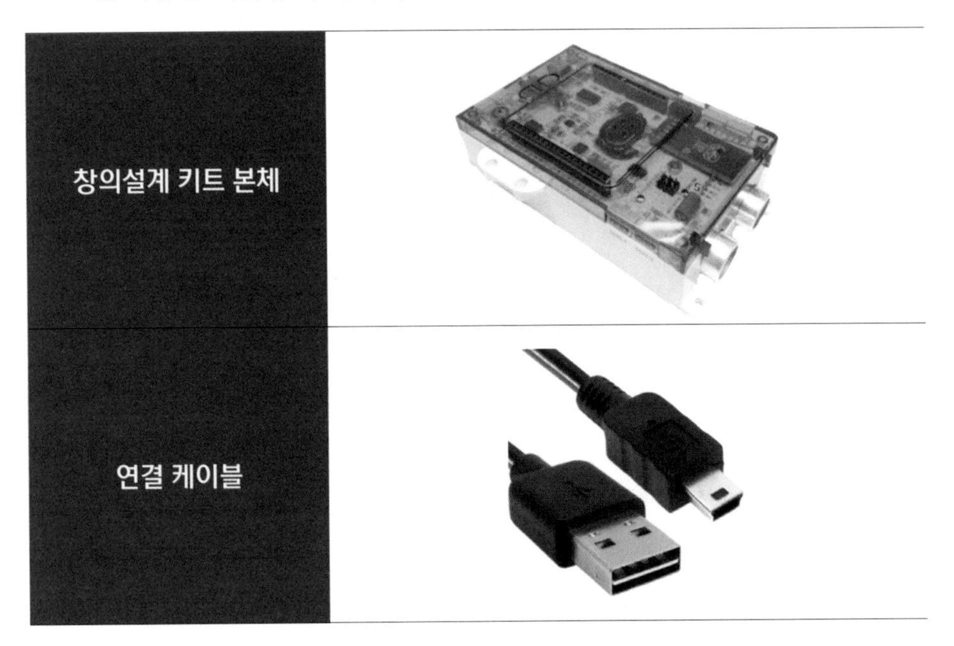

(2) 스크래치 명령 알아두기

클릭했을 때	녹색 깃발을 누르면 프로그램 시작
1 초 기다리기	프로그램 동작 실행 후 숫자만큼 결괏값 기다리기
무한 반복하기	프로그램 블록 안의 실행 내용을 끝없이 반복 동작
	프로그램 끝내기
4 번을 input 모드로 설정	사용하는 핀의 입출력 설정(입력, 출력, PWM)
디지털 13 번으로 high 쓰기	원하는 디지털 핀에 HIGH(5V) 또는 LOW(0V) 값 쓰기

4) 학습하기

(1) 1단계: LED를 켜고 꺼보기

> LED를 켜고 꺼 볼 거야.
> 우선 LED를 'ON', 'OFF'할 수 있도록 도와줘.

① 스크래치를 실행합니다. 컴퓨터 바탕화면에 있는 소프트웨어 'Scratch 2'를 실행합니다.

② 34페이지의 '창의설계 블록 추가하기'를 통해서 창의설계 키트 제어용 추가 블럭을 설치합니다.

② 다음은 스크래치 첫 화면입니다. 전구를 동작시키기 위해 스크래치 프로그램을 이용하여 명령을 입력하고 실행합니다. 그러면 명령에 따라 LED를 켜고 끌 수 있게 됩니다.

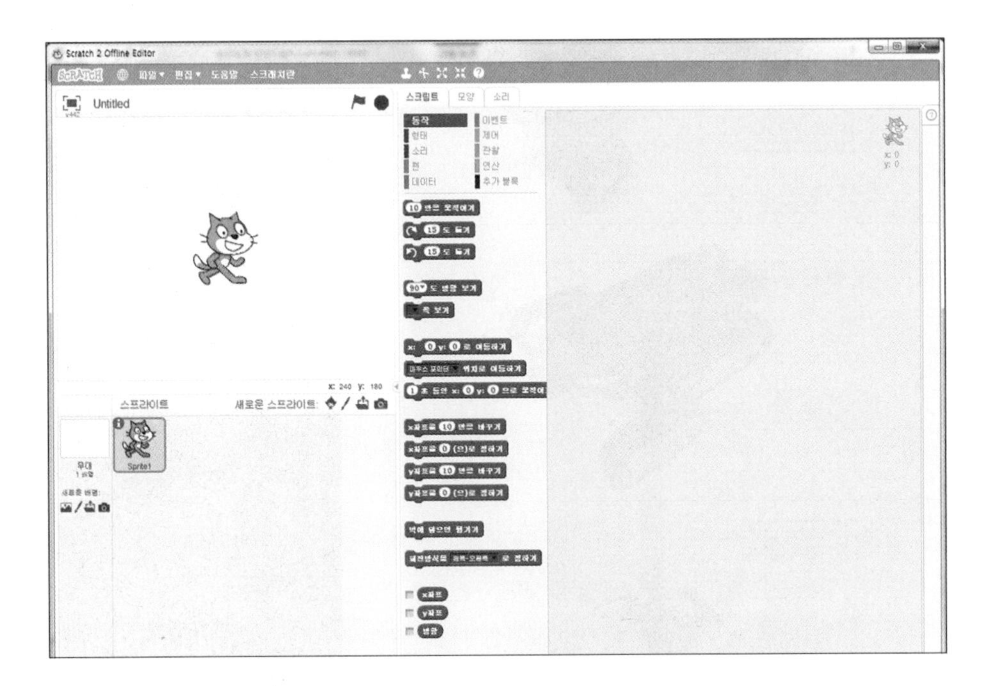

③ 이번에 다루게 될 장치는 다음 그림의 사용자 LED입니다. 사용자 LED를 켜기 위해서는 다음과 같은 절차로 진행됩니다.

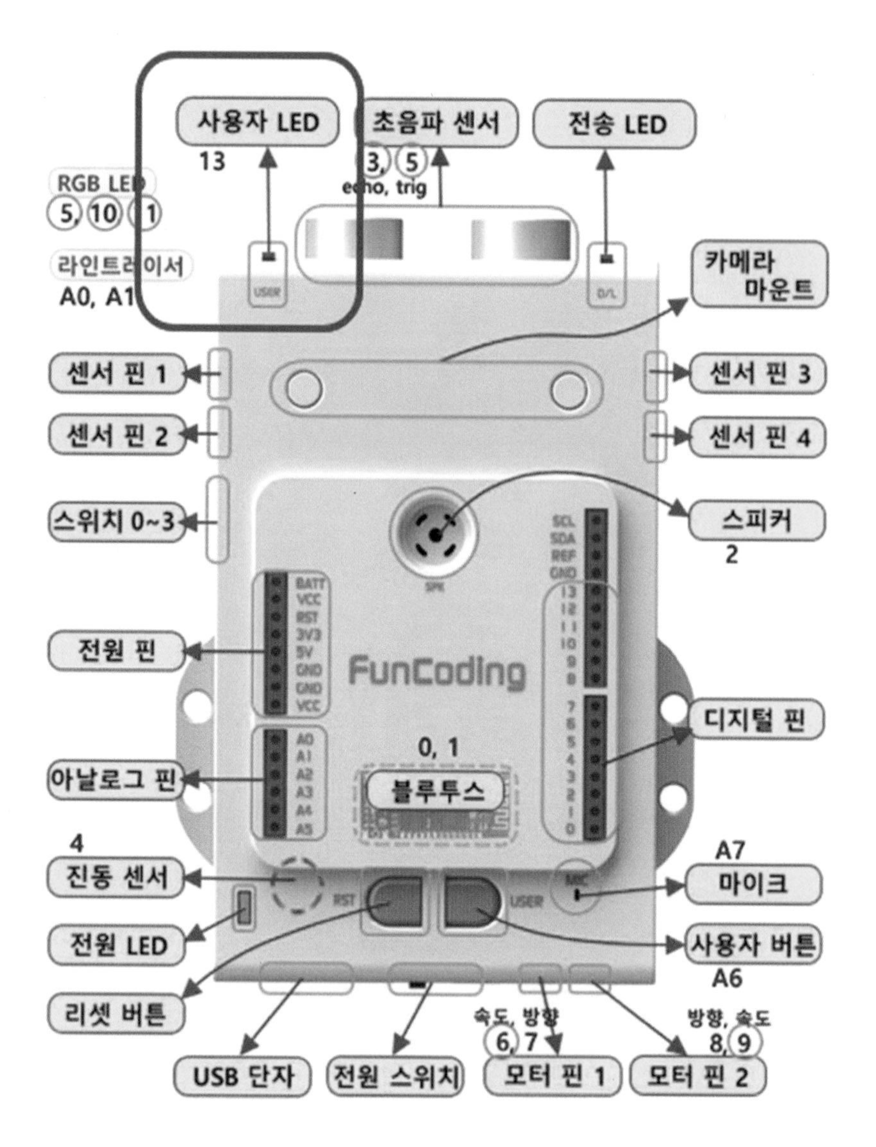

- LED 연결 핀의 입출력 설정
- 연결 핀에 값을 쓰기

④ 먼저 LED가 연결되어 있는 핀의 입출력 설정하여야 하며, 사용자 LED는 창의설계 키트의 13번 핀에 연결되어 있습니다. 입출력 설정은 다음의 블록을 이용합니다.

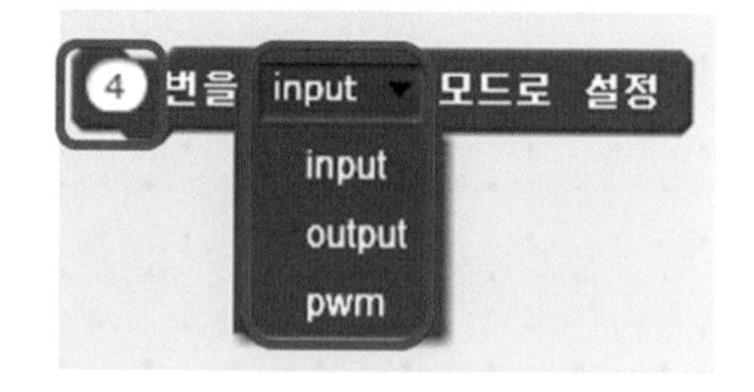

- 이 블록은 우리가 사용하고자 하는 핀의 제어 방향을 설정하는 블록입니다.
- 왼쪽 네모 칸에는 사용하고자 하는 핀의 번호를 적습니다.
- 오른쪽의 모드는 센서값과 같이 외부의 장치로부터 정보를 받을 때는 'input'을, LED나 모터 등 출력장치의 경우에는 창의설계 키트에서 전기를 내보내야 동작을 하므로 'output'을 선택합니다. 'pwm' 모드는 나중에 사용할 때 자세히 설명하겠습니다.
- 위 그림에서 사용자 LED의 경우에는 '13'번에 연결되어 있고, 사용자가 원하는 대로 동작시키기 위해서 'output'으로 설정합니다.

⑤ 이번에는 연결 핀에 값을 써보겠습니다. 사용자가 원하는 동작을 LED에 시키기 위해서는, 즉 LED를 켜거나 끄기 위하여 다음과 같은 블록을 사용합니다.

- 왼쪽 네모 칸에는 사용하고자 하는 핀의 번호를 적습니다.
- 오른쪽은 연결한 LED에 'high'값을 출력할 건지 'low'값을 출력할 건지를 선택합니다. 여기에서 high는 전기적으로 5V를 말하고 low는 0V를 말합니다. 그렇기 때문에 high를 설정하면 LED는 켜지고, low를 설정하면 LED는 꺼집니다.

⑥ LED를 켜기 위한 절차를 배웠으니 직접 실행해 봅시다.

- 다음과 같이 블록을 끌어와서 핀 모드를 설정하는 블록을 클릭한 후에, 쓰기 블록들을 클릭해 봅시다.

- 'high'가 쓰여진 블록을 클릭하면 LED가 켜지고, 'low'가 쓰여진 블록을 클릭하는 경우 LED가 꺼지면 정상입니다.

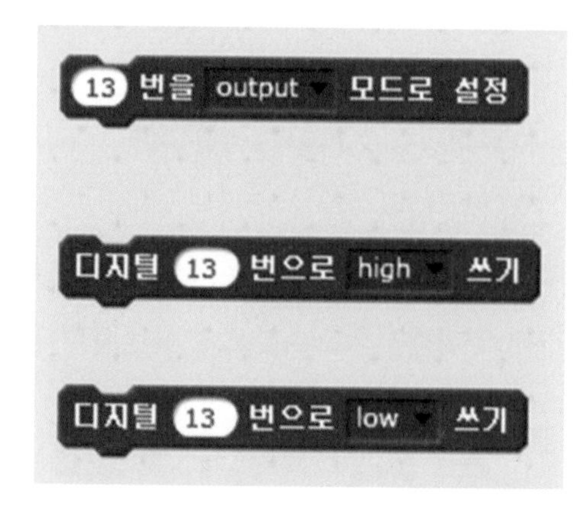

(2) 2단계: 깜박깜박 빛나는 LED 만들기

이번에는 자동으로 LED를 켜고 꺼 볼 거야.
동작을 반복할 수 있게 도와줘.

① LED를 제어하기 위한 절차를 배웠으니 직접 실행해 봅시다.

- 1단계에서 사용했던 블록들을 이용해서 LED를 '3번' 깜박이게 해봅시다. 손으로 하나씩 눌러보면 되겠죠?
- 이번에는 같은 방법으로 LED를 '100번' 깜박이게 해봅시다. 손으로 하나씩 눌러보면 할 수는 있겠지만 매우 힘들겠죠?
- 그렇다면 이렇게 많은 양을 반복할 때 어떻게 하는 것이 효율적 일까요?
- 다음과 같은 반복하기 블록을 이용하면 쉽게 해결할 수 있습니다. 위의 반복하기 블록은 숫자를 직접 넣어서 횟수를 제한할 수 있고, 아래의 반복하기 블록을 이용하면 끝없이 반복할 수 있습니다. 이 블록들은 '블록 팔레트의 제어' 탭 안에 있습니다.

② 이제 반복하는 방법을 배웠으니 LED를 자동으로 깜박이게 해 봅시다.

- LED를 계속해서 반복해서 깜박거리게 하려면 어떤 블록들이 필요할까요? 나열해 봅시다.

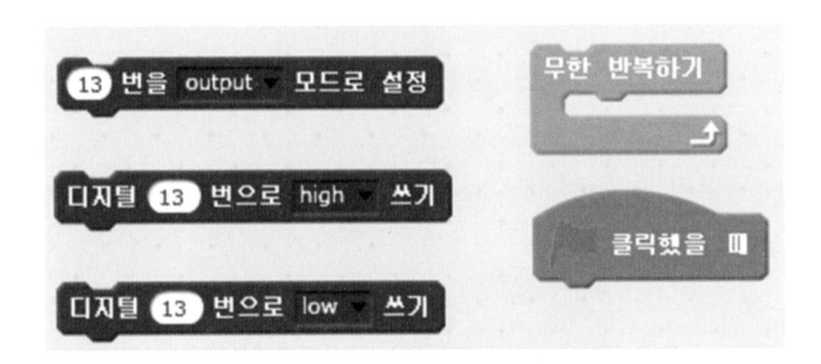

- 필요한 블록들을 나열했다면 순서대로 조합해 봅시다. 위의 블록 중 녹색 깃발의 블록은 시작버튼을 의미합니다. 무대에서 녹색 깃발을 누르면 녹색 깃발의 블록 아래의 블록들이 실행되고 빨간 버튼을 누르면 녹색 깃발 아래의 블록들이 정지합니다.
- 위의 블록들을 순서대로 조합해 보면 다음과 같이 됩니다. 한 번 실행해 봅시다.

- 잘 동작하나요? LED가 깜박거리긴 하지만 너무 빨리 동작해서 확인하기가 힘듭니다. 어떻게 하면 눈으로 확인할 수 있도록 천천히 동작시킬 수 있을까요?

- 기다리기 블록을 이용합니다. 기다리기 블록은 원하는 시간만큼 동작을 기다릴 수 있습니다. 이 블록을 쓰기 블록 밑에 추가하여 동작시켜 봅시다. 기다리기 블록도 제어 탭에서 발견할 수 있습니다.

- 기다리기 블록을 이용하여 1초 간격으로 불이 점멸하는 프로그램입니다.

5) 생각과 나눔

(1) 생각하기

앞에서 배웠던 것을 이용하여 자유롭게 생각해 보고, 만든 것을 친구들과 서로 이야기해 봅시다.

(2) 이야기 나누기

- 전기는 어떻게 흐르는지 대화해 볼까요?
- 주변에 활용되고 있는 LED의 용도와 모습을 알아봅시다.
- 학습에 사용한 적색, 녹색과 다른 색상의 빛은 어떻게 내는지 토론해 봅시다.

6) 배운 내용 정리하기

이번 장에서 우리는 LED의 의미와 동작 원리를 배우고, 스크래치를 블록들을 이용하여 LED를 제어하는 방법을 배웠습니다. 이를 통해서 외부에 장착된 장치들과 연결하고 사용하는 방법도 알 수 있었어요. 이번 장에서 배운 것을 정리하면 다음과 같습니다.

- LED는 전기를 흘려주면 빛을 냅니다.
- '디지털 high/low 쓰기' 블록은 'high/low'를 이용해서 LED에 전기를 주거나 끊을 수 있습니다.
- '핀'은 전기신호를 주고받는 선 혹은 단자와 같습니다.
- '반복하기' 블록으로 원하는 만큼 반복 작업할 수 있습니다.

3 컬러 전구를 켜보는 창작 체험 Ⅰ

1) RGB LED 이야기

(1) RGB LED 는 무엇일까요?

이번 장에서는 RGB LED에 대하여 배워 볼 겁니다. LED에 대해서는 앞 장에서 이미 다루었습니다. 그렇다면 RGB LED란 무엇을 말하는 것일까요? RGB LED에 대한 내용을 아래에 정리해 놓았습니다.

- RGB LED의 RGB는 Red, Green, Blue의 약자입니다.
- 빨강, 초록, 파랑의 빛을 조합하여 다양한 빛깔을 만들어 낼 수 있는 LED를 말합니다.
- 아래의 RGB LED는 각각의 R, G, B 연결핀에 전기를 흘려주면 불이 켜집니다. GND 핀은 건전지의 음극과 비슷한 것으로 본체의 GND(접지) 핀에 연결합니다.

2) 무엇을 배울까요

(1) 학습 목표

- 빨강, 초록, 파랑을 이용하여 불빛의 색을 조합하는 원리를 배웁니다.
- RGB LED를 다루는 방법을 배웁니다.

(2) 학습 내용

- 1단계: 빨강, 초록, 파랑 불을 켜기
- 2단계: LED의 밝기를 변화시키기

3) 실험 준비

(1) 프로그램 실행을 위한 준비하기

- RGB LED를 이용한 학습을 하기 위해서는 창의설계 키트 본체와 연결 케이블 그리고 아래의 부품을 준비합니다.

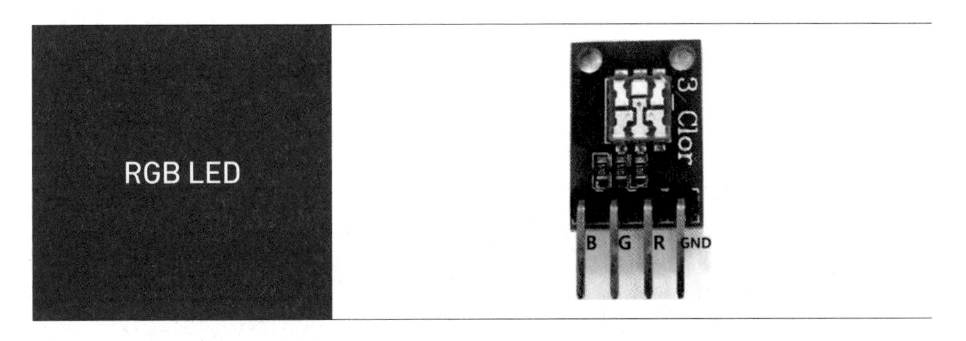

(2) 스크래치 명령 알아두기

블록	설명
클릭했을 때	녹색 깃발을 누르면 프로그램 시작
1 초 기다리기	프로그램 동작 실행 후 숫자만큼 결괏값 기다리기
무한 반복하기	프로그램 블록 안의 실행 내용을 끝없이 반복 동작
	프로그램 끝내기
4 번을 input 모드로 설정	사용하는 핀의 입출력 설정(입력, 출력, PWM)

	원하는 디지털 핀에 원하는 값(0~255) 쓰기

4) 학습하기

(1) 1단계: 빨강, 초록, 파랑 불을 켜기

> RGB LED를 켜고 꺼 볼 거야.
> 빨강, 초록, 파랑 불을 'ON'할 수 있도록 도와줘.

① 스크래치를 실행합니다. 컴퓨터 바탕화면에 있는 소프트웨어 'Scratch 2'를 실행합니다.

② 34페이지의 '창의설계 블록 추가하기'를 통해서 창의설계 키트 제어용 추가 블럭을 설치합니다.

③ 다음은 스크래치 첫 화면입니다. RGB LED를 동작시키기 위해 스크래치 프로그램을 이용하여 명령을 입력하고 실행합니다. 그러면 명령에 따라 RGB LED를 켜고 끌 수 있게 됩니다.

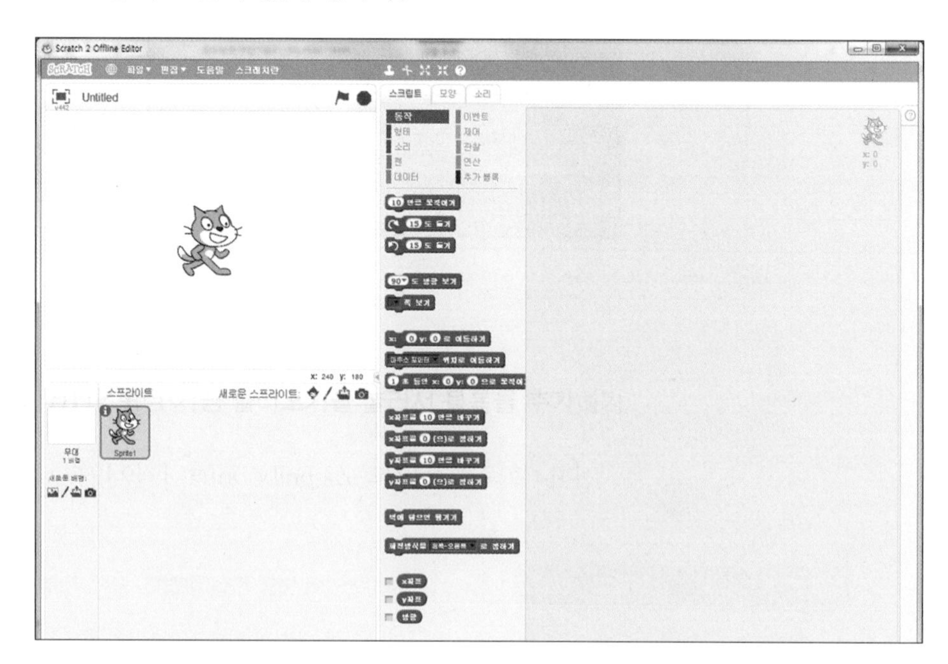

④ 이번에 다루게 될 RGB LED는 아래의 그림을 참조하여 창의설계 키트에 직접 연결해서 사용합니다. RGB LED를 켜기 위한 절차는 다음과 같습니다.

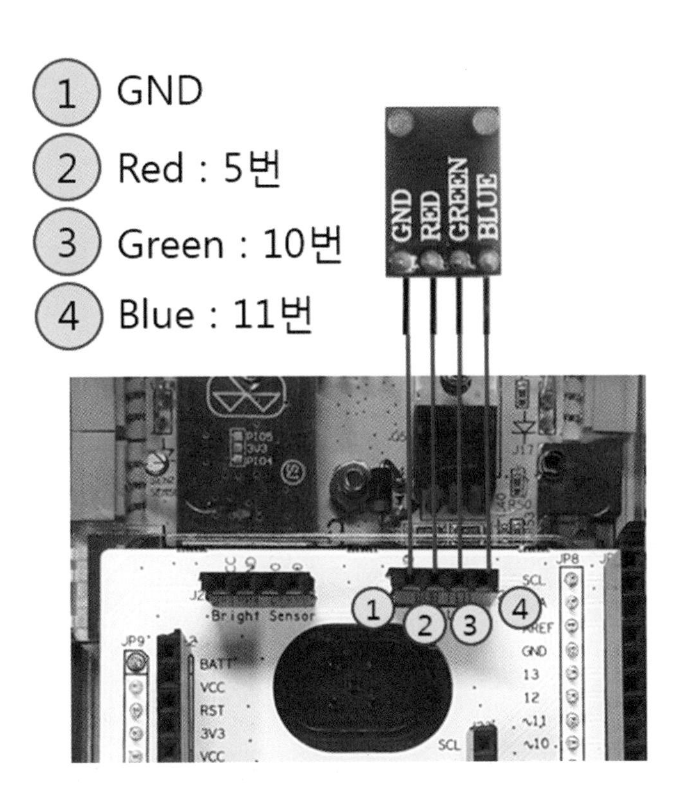

- RGB LED가 연결되어 있는 핀의 입출력 설정
- 연결된 핀에 값을 쓰기

⑤ RGB LED는 빨강, 초록, 파랑의 3개의 LED를 하나로 합쳐 놓은 것이라고 보면 됩니다. RGB LED를 위의 그림과 같이 연결하면 RGB LED에서 RED는 5번, GREEN은 10번, BLUE는 11번에 연결되고 GND는 GND에 연결됩니다. RGB LED의 뒷면을 보면 핀에 대한 설명이 적혀 있습니다. 앞 장에서 하나의 LED를 제어했던 것을 떠올려 RGB LED를 켜 봅시다.

⑥ 먼저 RGB LED 연결 핀의 입출력 설정 블록을 이용하여 RGB LED가 연결된 3개의 핀을 'output'으로 설정하는 동작이 필요합니다.

- LED 하나를 제어할 때는 아래의 블록 하나를 이용했습니다.

- 그렇다면 RGB LED처럼 세 개의 LED를 합쳐 놓은 LED는 몇 개의 블록이 필요할까요?
- 당연히 세 개의 블록이 필요합니다.

- 그리고 기본적으로 클릭했을 때 블록을 붙여 줍니다.

⑦ 모드 설정이 끝났다면 기본 준비는 끝났습니다. 앞 장의 예제와 같이 LED를 하나씩 켜 봅시다.

- RGB LED를 켜기 위해서 세 개의 모드를 설정했으니 불을 켤 때도 세 가지를 동시에 제어해 줍니다.
- 먼저 빨간 불을 켜려면 5번만 high로 하고 나머지는 low로 합니다.

- 이 단계에서 시작을 누르면 빨간 불만 계속 켜집니다.
- 추가로 위와 같은 형식으로 스스로 녹색과 파란 불을 추가해 봅시다.
- 추가하면 다음과 같이 됩니다.

(2) 2단계: LED의 밝기 변화시키기

> 이번에는 LED의 밝기를 변화시켜 볼 거야.
> 원하는 밝기로 변화할 수 있게 도와줘.

① 우리는 이전 예제를 통해서 RGB LED를 켜고 끌 수 있게 되었습니다. 이제는 더 나아가 불빛의 밝기를 제어해 보려고 합니다. 여기에서는 밝기 제어의 방법 중 PWM이라는 것을 이용해서 밝기를 제어합니다.

※ PWM(Pulse Width Modulation)

PWM이란 전압 신호의 Pulse(파형)의 Width(폭)을 조절하여 전압 신호의 평균 전압 값을 변경하는 방법을 말합니다.

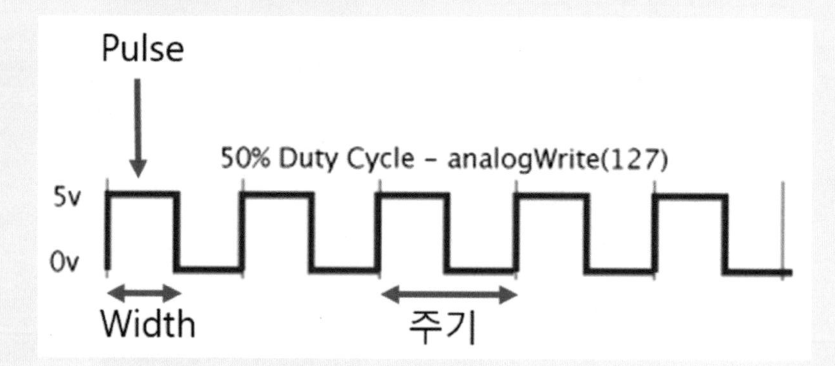

위의 그림을 참고하여 위의 파형을 전압 신호라고 하고, 하나의 네모 언덕을 Pulse라고 합니다. 그리고 그 Pulse가 생기고 없어지는 간격을 주기라고 하고, Width는 펄스가 5V로 유지하는 간격을 말합니다.
PWM은 여기에서 Width(폭)을 변경해서 전체 전압 평균값을 변경하는 것을 말합니다.
예를 들어 위의 그림은 50% Duty Cycle이라고 하여 Width가 50%, 즉 절반이란 의미입니다. 그렇게 되면 전체 전압 5V * 50%가 되어 평균 전압은 2.5V가 됩니다.
만약 폭이 25%가 되면 평균 전압은 1.25V가 되겠죠. 이러한 방식을 PWM 방식이라고 합니다.

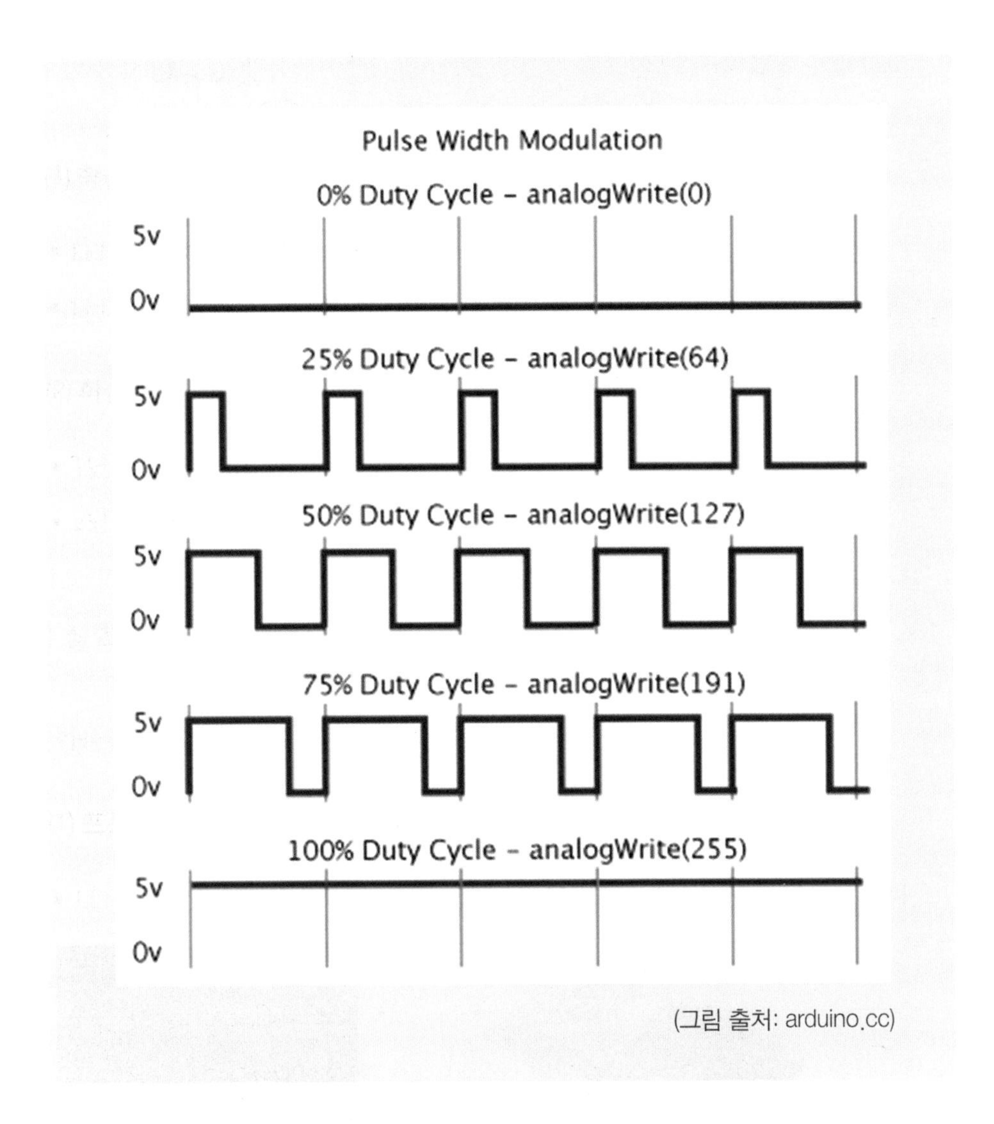

(그림 출처: arduino.cc)

② 위에서 PWM에 대해 배웠으니 이것을 이용하여 LED의 밝기를 변화해 봅시다. 절차는 다음과 같습니다.

- LED가 연결된 핀의 입출력 설정
- LED에 PWM 값을 쓰기

③ LED가 연결된 핀의 입출력 설정은 이전에 사용했던 블록을 그대로 이용합니다. 다만, 밝기 제어는 PWM을 이용한다고 했으므로, 'output' 설정이 아닌 'pwm'으로 설정을 해 줍니다.

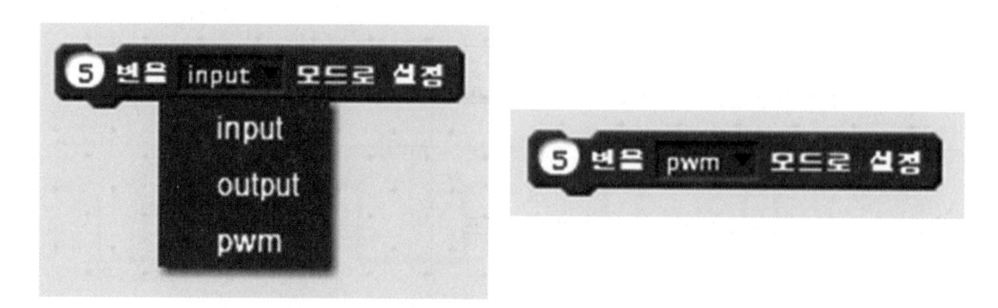

④ 그다음 단계로는 PWM 값을 쓰기입니다. PWM 값을 쓸 때는 다음의 블록을 이용합니다.

- PWM 블록은 이전의 쓰기 블록과 마찬가지로 제어하고자 하는 핀 번호를 정하고, 0 ~ 255 사이의 값을 씁니다. 0은 최솟값을 255는 최댓값을 나타냅니다. 그러므로 255에 가까운 값을 쓸수록 LED의 밝기는 세집니다.
- 참고적으로 PWM 블록을 이용해 값을 쓸 때에 두 가지 방법을 이용해 보겠습니다.
- 첫 번째 방법은 위의 블록처럼 직접 값을 넣는 방법이 있고, 두 번째 방법은 다음의 블록처럼 '변수'를 이용해서 값을 쓰는 것입니다. 변수는 데이터 탭에 있습니다.

※ 변수

변수는 어떠한 종류의 데이터를 일시적으로 저장할 목적으로 사용하는 공간을 말합니다. 변수를 사용하는 이유에는 여러 가지가 있는데, 아래의 블록과 같은 상황에서도 이용됩니다.
아래의 두 블록의 차이를 알 수 있습니까? 변수를 쓰지 않으면 같은 값으로 변경할 때 일일이 변경해 주어야 하는데, 변수를 이용하면 같은 값을 한 번에 바꿀 수 있습니다.
우리가 사용하는 예제는 간단한 예제들을 주로 다루기 때문에 굳이 사용할 필요는 없지만 프로그래밍 언어를 배우고 사용할 때 이해하여야 하는 중요한 개념이므로, 미리 사용하는 습관을 들이도록 합시다.

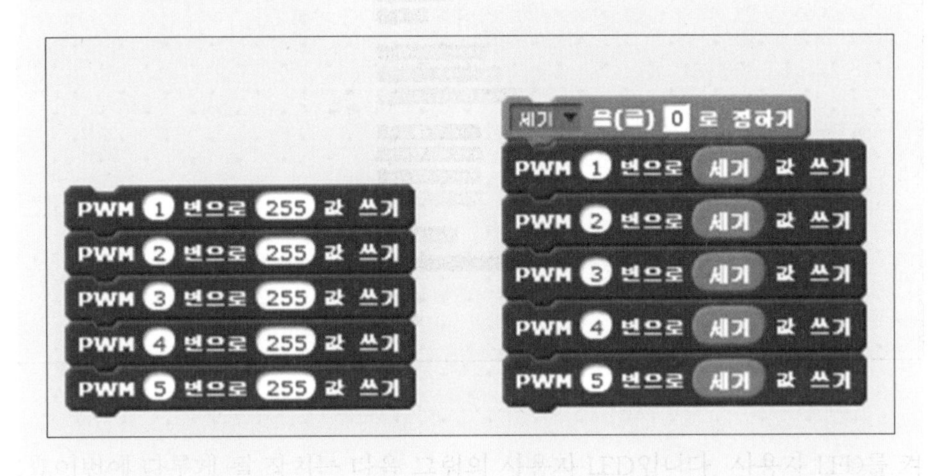

⑤ 이제 PWM 블록을 이용해서 빨강 LED의 밝기를 바꿔 봅시다.

- 세기의 값을 0~255 사이의 값으로 바꿔 가면서 LED의 밝기를 눈으로 확인해 봅시다.

⑥ LED의 밝기를 바꾸는 방법을 배웠으니 자동으로 밝기를 조절하는 방법을 배워 봅시다.

- 자동으로 밝기를 조절하려면 어떤 블록이 필요할까요?
- 반복하기 블록이 필요합니다. 반복하기 블록을 이용하여 세기를 자동으로 1씩 증가해 봅시다. 아래의 블록은 연산 탭에 있습니다.

- 세기 변수에 저장된 값을 1씩 증가하려면 아래와 같이 합니다. 즉 세기 = 세기+1이 됩니다. 여기서 '='연산자는 오른쪽에서 계산된 값을 왼쪽의 변수에 대입하는 연산자입니다.

- 이를 반복문 안에 넣고 동작시키면 반복할 때마다 세기 변숫값은 1씩 커지며 LED가 점점 더 밝아지는 것을 확인할 수 있습니다.

- 위에서 세기는 반복할 때마다 1씩 증가하여 1~255의 주기로 계속 밝기가 변합니다.

⑦ 위의 블록에서 문제점을 찾아봅시다.

- 위의 블록에서 문제점을 찾을 수 있습니까?
- 위의 블록은 무한 반복하기 블록을 사용하기 때문에 세기의 값은 1씩 증가하여 무한대로 증가합니다.
- 이전에 이야기했듯이 PWM 블록은 값이 커져도 1~255 사이의 값으로 동작은 하지만 9자리가 넘어가면 동작하지 않는다고 언급했었습니다.
- 그러므로 여기에서도 세기 변숫값을 중간에 초기화해 줄 필요가 있습니다.
- 아래와 같이 조건을 추가하여 동작해 봅시다.

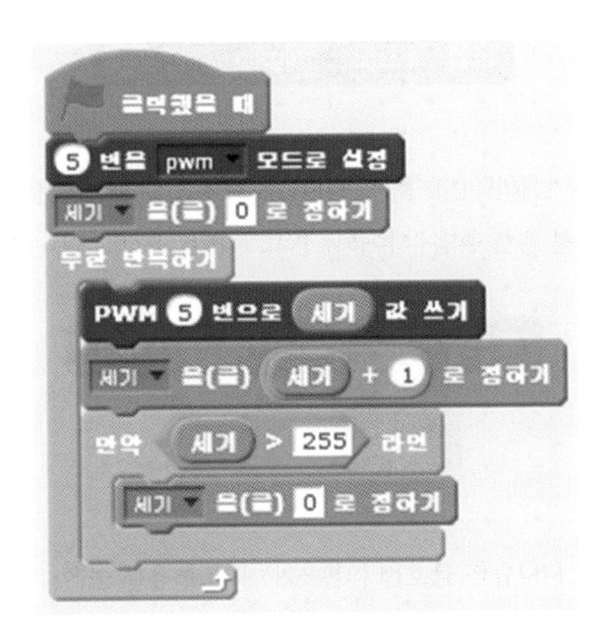

- 동작은 같지만 세기 값을 초기화해 주기 때문에 계속 동작해도 오류가 생기지 않습니다.

※ 만약 블록

만약 블록은 제어 탭에 있으며, 괄호 안의 조건이 참이면 블록 안의 내용을 처리하는 블록입니다. 흔히 '제어문'으로도 표현하며 반복하기 블록처럼 앞으로 자주 사용하게 될 블록입니다.

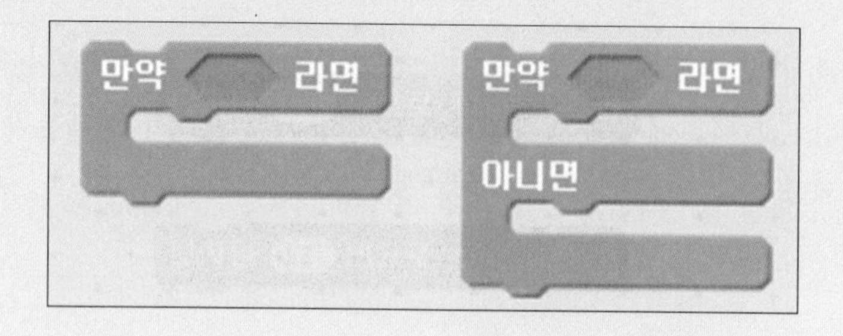

5) 생각과 나눔

(1) 생각하기

앞에서 배웠던 것을 이용하여 자유롭게 생각해 보고, 만든 것을 친구들과 서로 이야기해 봅시다.

(2) 이야기 나누기

- 단색 LED와 RGB LED의 차이를 알아봅시다.
- 주변에 활용되고 있는 RGB LED의 용도와 모습을 알아봅시다.

6) 배운 내용 정리하기

이번 장에서 우리는 RGB LED의 의미와 동작 원리를 배우고, 스크래치 블록들을 이용하여 RGB LED를 제어하는 방법을 배웠습니다. 이를 통해서 외부에 장착된 장치들과 연결하고 사용하는 방법도 알 수 있었어요. 이번 장에서 배운 것을 정리하면 다음과 같습니다.

- RGB LED는 빨강, 초록, 파랑 LED를 합친 LED입니다.
- RGB LED는 각각의 빨강, 초록, 파랑 LED를 어떻게 켜고 끄는 동작에 따라 여러 가지 색깔의 불빛을 낼 수 있습니다.
- '반복하기' 블록으로 원하는 만큼 반복 작업을 할 수 있습니다.

4 컬러 전구를 켜보는 창작 체험 II

1) 무엇을 배울까요

(1) 학습 목표

- 빨강, 초록, 파랑을 이용하여 불빛의 색을 조합하는 원리를 배웁니다.
- RGB LED를 다루는 방법을 배웁니다.

(2) 학습 내용

- 1단계: 빨강, 초록, 파랑 빛깔 조합하기
- 2단계: 무드등 만들기

2) 실험 준비

실험을 위한 준비입니다. 미리 알아두어 실험에 도움이 되었으면 해요.

(1) 프로그램 실행을 위한 준비하기

- RGB LED를 이용한 학습을 하기 위해서는 창의설계 키트 본체와 연결 케이블과 아래와 같은 실험도구를 준비합니다.

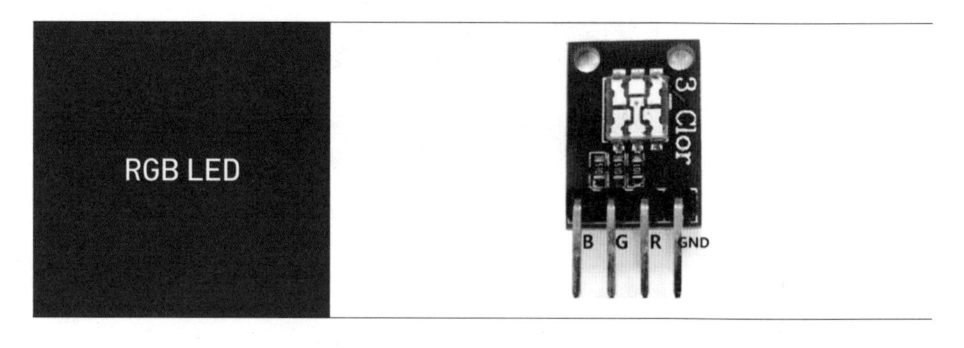

(2) 스크래치 명령 알아두기

명령 블록	설명
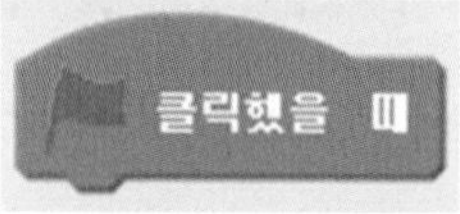 클릭했을 때	녹색 깃발을 누르면 프로그램 시작
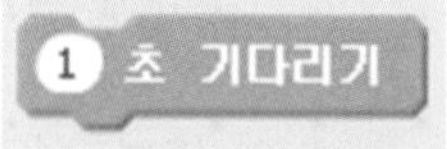 1 초 기다리기	프로그램 동작 실행 후 숫자만큼 결괏값 기다리기
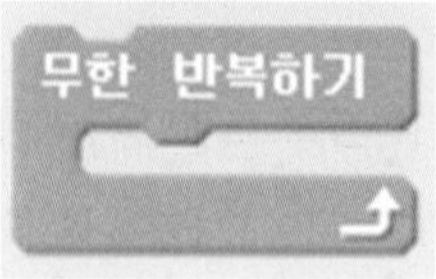 무한 반복하기	프로그램 블록 안의 실행 내용을 끝없이 반복 동작

	프로그램 끝내기
4 번을 input 모드로 설정	사용하는 핀의 입출력 설정(입력, 출력, PWM)
PWM 11 번으로 0 값 쓰기	원하는 디지털 핀에 원하는 값(0~255) 쓰기

3) 학습하기

(1) 1단계: 빨강, 초록, 파랑 빛깔 조합하기

RGB LED를 켜고 꺼 볼 거야.
빨강, 초록, 파랑 불을 'ON'할 수 있도록 도와줘.

① 스크래치를 실행합니다. 컴퓨터 바탕화면에 있는 소프트웨어 'Scratch 2'를 실행합니다.

② 34페이지의 '창의설계 블록 추가하기'를 통해서 창의설계 키트 제어용 추가 블럭을 설치합니다.

③ 전구를 동작시키기 위하여 스크래치 프로그램을 이용하여 명령을 입력하고 실행합니다. 그러면 명령에 따라 LED를 켜고 끌 수 있게 됩니다.

④ 3장에서 우리는 RGB LED의 원리와 구동 방법에 대해 익히고, PWM 모드를 통해서 빛의 밝기도 제어해 보았습니다. 이번 장에서는 빨강, 초록, 파랑의 빛을 섞어서 다양한 빛깔을 만들어 봅시다.

- 빨강, 초록, 파랑의 빛을 이용해서 새로운 빛을 만드는 것은 어렸을 적에 해봤던 물감 섞는 것과 비슷합니다.
- 다만 다른 점이 있다면 물감을 섞는 것은 색의 3원색에 기반한 것이고, LED처럼 빛을 섞는 것은 빛의 3원에게 기반한 것입니다.

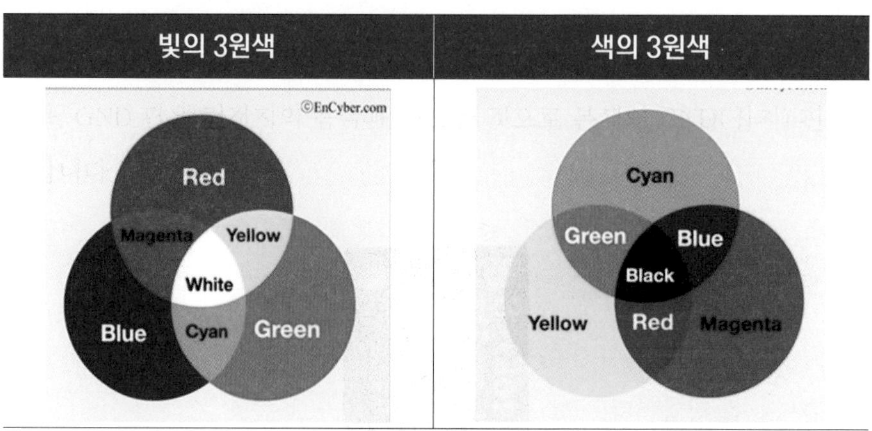

⑤ 위의 빛의 3원색 표를 참고하면 빨강 빛과 녹색 빛을 합치면 노란색 빛이, 파랑 빛과 녹색 빛을 합치면 하늘색 빛이 됩니다.

- 이제 직접 RGB LED를 제어해서 색상을 만들어 봅시다.
- 먼저 다음과 같은 블록을 만들고, 값을 마음대로 바꿔보면서 다양한 색상을 만들어 봅시다.

```
클릭했을 때
5 번을 pwm 모드로 설정
10 번을 pwm 모드로 설정
11 번을 pwm 모드로 설정
무한 반복하기
    PWM 5 번으로 10 값 쓰기
    PWM 10 번으로 50 값 쓰기
    PWM 11 번으로 100 값 쓰기
```

(2) 2단계: 무드등 만들기

> 이번에는 LED의 밝기를 변화시켜 볼 거야
> 원하는 밝기로 변화할 수 있게 도와줘

① 우리는 이전 예제를 통해서 세 가지의 LED 색을 조합하여 다양한 불빛을 만들어 보았습니다. 이번에는 그것을 조금 더 응용해서 자동으로 색상이 부드럽게 변하는 무드등을 만들어 보려고 합니다.

② 먼저 불빛을 부드럽게 변화하는 방법에 대해 알아보겠습니다. RGB LED를 제어하는 방법은 이전과 같습니다.

- LED가 연결된 핀의 입출력 설정
- LED에 PWM 값을 쓰기

③ 불빛을 부드럽게 변화하는 방법은 PWM과 연산 블록을 이용하여 밝기 값을 조금씩 바꿔서 조합하는 방법입니다.

```
클릭했을 때
5 번을 pwm 모드로 설정
10 번을 pwm 모드로 설정
11 번을 pwm 모드로 설정
무한 반복하기
  세기 을(를) 250 로 정하기
  25 번 반복하기
    PWM 5 번으로 세기 값 쓰기
    PWM 10 번으로 250 - 세기 값 쓰기
    세기 을(를) 세기 - 10 로 정하기
```

- 이런 방법으로 250의 밝기 값에서 마이너스(-) 연산을 이용해서 반복할 때마다 10만큼 빼주게 되면 빨강 LED의 값은 점점 작아지고, 녹색 LED의 값은 점점 커지게 됩니다.
- 여기에서 10의 숫자를 크게 하면 색이 변하는 모습을 눈으로 볼 수 있고, 10보다 작게 하면 좀 더 부드럽게 불빛이 변할 것입니다.
- 시작버튼을 눌러서 동작을 확인해 봅시다. 빨강 불빛에서 녹색 불빛으로 부드럽게 변하는 것을 확인할 수 있습니다.

④ 그다음 단계로는 빨강 불빛과 녹색 불빛만 가지고 변화를 했던 것에 파랑 불빛까지 추가해 봅시다. 방식은 위와 같습니다.

- 실행 버튼을 눌러서 동작을 확인해 봅시다. 세 가지의 빛깔을 기본으로 다양한 빛깔이 만들어지는 것을 확인할 수 있습니다.
- 여기에서 반복 횟수와 세기 값을 조정하면 좀더 부드럽게 또는 좀더 빠르게 무드등을 조절할 수 있습니다.

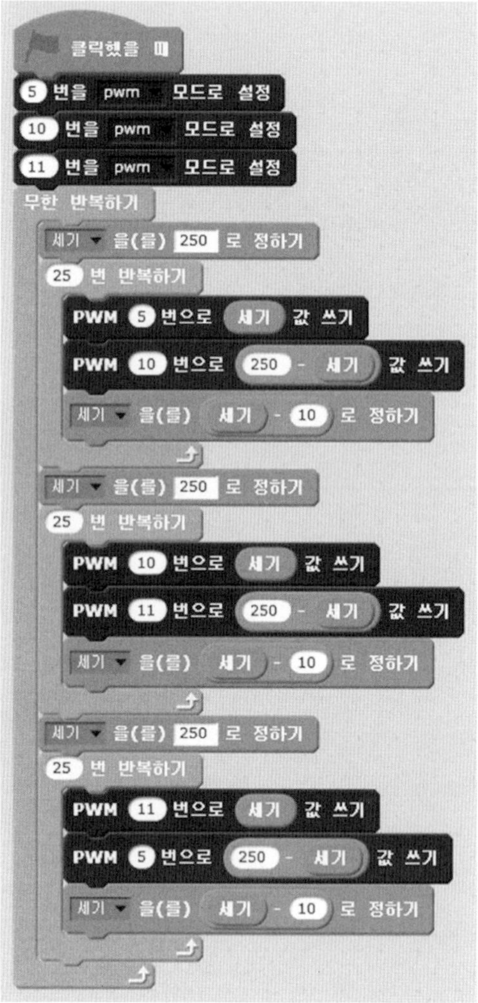

4) 생각과 나눔

(1) 생각하기

앞에서 배웠던 것을 이용하여 자유롭게 생각해 보고, 만든 것을 친구들과 서로 이야기해 봅시다.

(2) 이야기 나누기

- 다양한 색 공간에 대해 알아봅시다.
- PWM 방식의 다양한 쓰임과 응용에 대해 알아봅시다.

5) 배운 내용 정리하기

이번 장에서 우리는 RGB LED의 의미와 동작 원리를 배우고, 스크래치 블록들을 이용하여 RGB LED를 제어하는 방법을 배웠습니다. 이를 통해서 외부에 장착된 장치들과 연결하고 사용하는 방법도 알 수 있었습니다. 이번 장에서 배운 것을 정리하면 다음과 같습니다.

- PWM 블록을 이용하면 LED의 밝기를 조절할 수 있습니다.
- 변수는 데이터를 저장하는 공간입니다.
- RGB LED는 빛의 3원색에 따라 다양한 빛깔을 만들 수 있습니다.
- 변수와 연산 블록을 이용하면 좀 더 다양한 응용이 가능해 집니다.

1) 스피커 이야기

(1) 스피커란 무엇인가?

스피커는 전기신호를 이용하여 떨림판을 진동시켜 소리를 내는 장치입니다. TV 나 스마트폰 등에서 소리를 출력하는 장치를 말해요.

- 컴퓨터 스피커와 같이 단품 스피커가 있고, 스마트폰 등에 내장되어 있는 내장형 스피커가 있습니다.
- 창의설계 실험으로 스피커의 특성을 이해하고 제어를 해 보도록 하겠습니다.

2) 무엇을 배울까요

(1) 학습 목표

- 스피커의 기본 구조와 소리를 내는 원리를 이해합니다.
- 스크래치를 이용하여 다양한 소리를 내고 연주합니다.

(2) 학습 내용

- 1단계: 스피커 소리 내기
- 2단계: 피아노 건반 연주하기

3) 실험 준비

실험을 위한 준비입니다. 미리 알아두어 실험에 도움이 되었으면 해요.

(1) 프로그램 실행을 위한 준비하기

- 스피커를 이용한 학습을 하기 위해서는 창의설계 키트 본체와 연결 케이블을 준비합니다.

(2) 스크래치 명령 알아두기

클릭했을 때	녹색 깃발을 누르면 프로그램 시작
1 초 기다리기	프로그램 동작 실행 후 숫자만큼 결괏값 기다리기

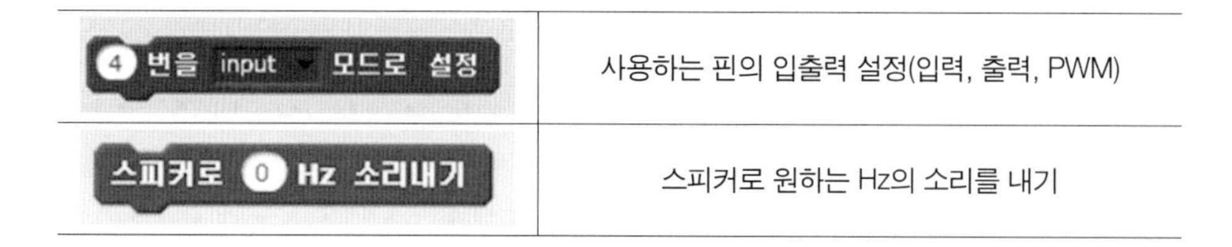

4 번을 input 모드로 설정	사용하는 핀의 입출력 설정(입력, 출력, PWM)
스피커로 0 Hz 소리내기	스피커로 원하는 Hz의 소리를 내기

4) 학습하기

(1) 1단계: 스피커 소리 내기

> 스피커로 소리를 낼 거예요.
> 우선 스피커로 '도레미…' 소리를 낼 수 있도록 도와줘.

① 스크래치를 실행합니다. 컴퓨터 바탕화면에 있는 소프트웨어 'Scratch 2'를 실행합니다.

② 34페이지의 '창의설계 블록 추가하기'를 통해서 창의설계 키트 제어용 추가 블럭을 설치합니다.

③ 스피커를 동작시키기 위하여 스크래치 프로그램을 이용하여 명령을 입력하고 실행합니다. 그러면 명령에 따라 스피커에서 소리를 내거나 끌 수 있게 됩니다.

④ 이번에 다루게 될 스피커는 다음의 그림과 같이 가운데 부분에 내장되어 있습니다. 스피커는 디지털 2번 핀에 연결되어 있습니다.

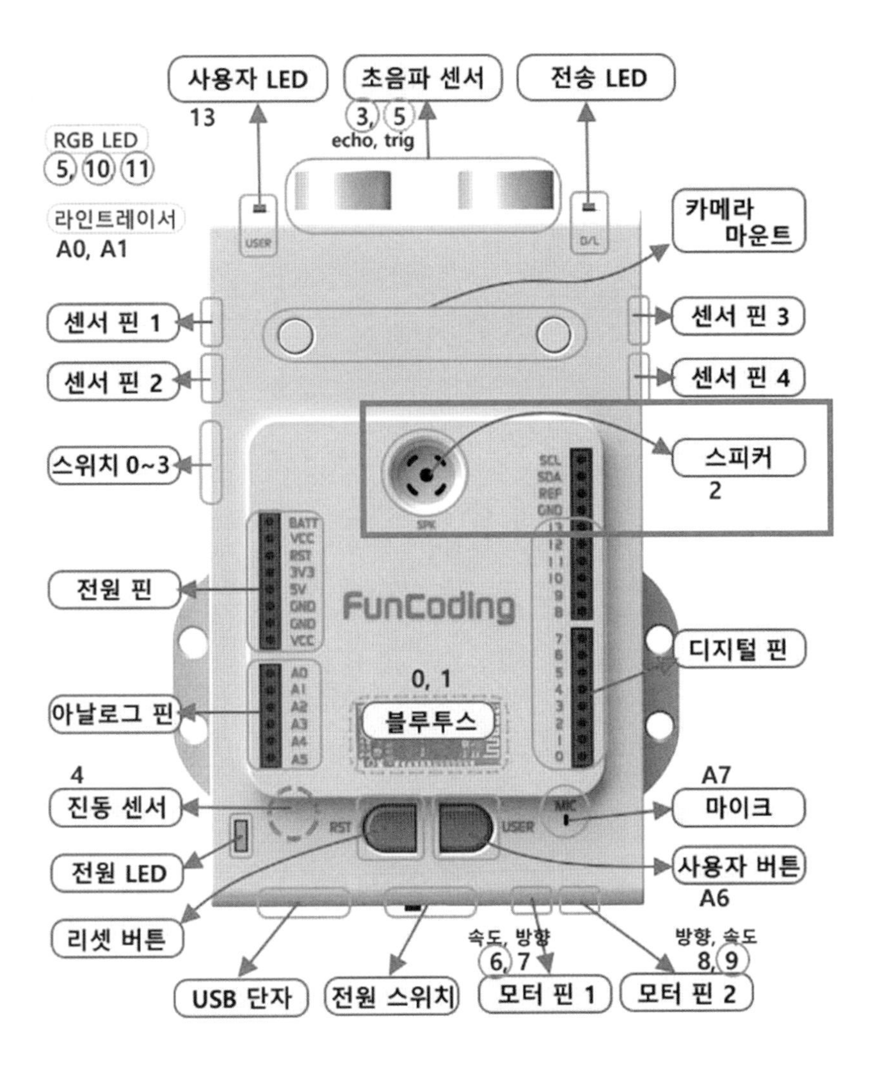

⑤ 또한, 스피커를 사용하기 위해서는 다음의 그림을 참고하여 스피커를 ON해야 소리가 납니다. 스피커를 제어하기 위한 절차는 다음과 같습니다.

- 스피커 활성화 버튼 ON
- 스피커에 연결된 핀의 입출력 설정
- 소리 내기 블록 가져와서 설정하기

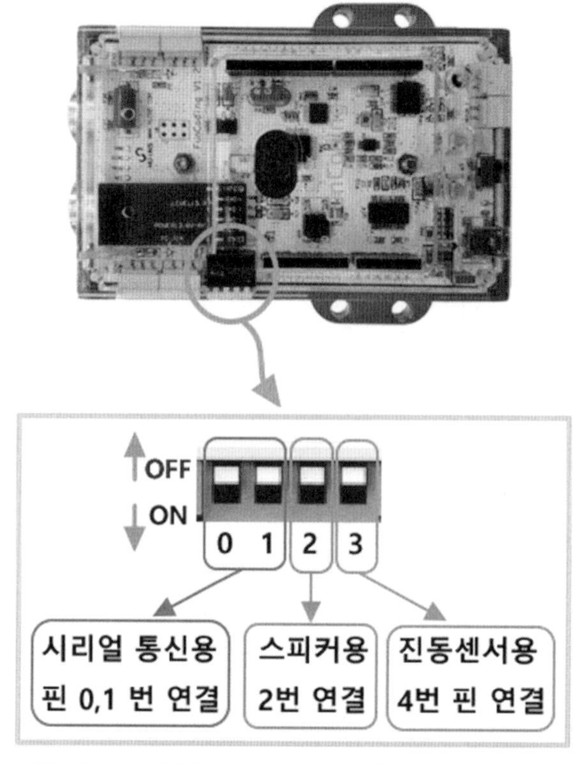

[주의] 스케치 프로그램을 업로드할 때는 시리얼 통신용 0번과 1번 스위치를 OFF(올림) 상태로 두어야 합니다.

⑥ 앞서 사용했던 LED와 같이 입출력 설정부터 해 줍니다. 스피커는 소리를 내는 출력 장치이고, 2번에 연결되어 있기 때문에 다음과 같이 설정합니다.

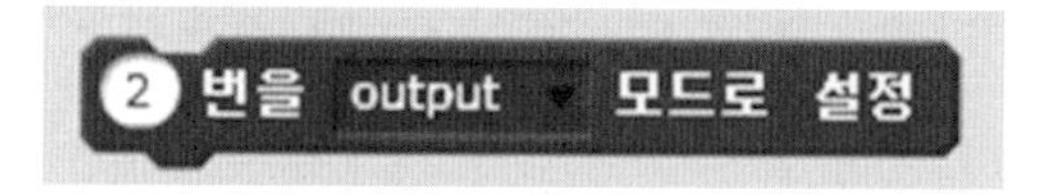

⑦ 스피커의 소리를 내기 위한 블록에 대해 알아봅니다. 소리를 내기 위한 블록은 다음과 같습니다.

※ Hz(헤르츠)

헤르츠는 주파수(Frequency)의 표준 단위입니다. 초당 반복 운동이 일어난 횟수를 일컫는 말로서, 예를 들어 1 헤르츠는 진동 현상이 1초에 한 번 왕복 운동이 반복됨을 의미합니다.

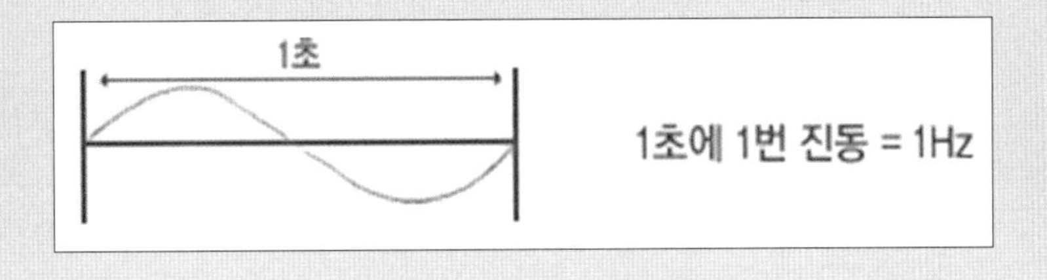

- 블록에 원하는 Hz를 입력하면 그에 해당하는 소리를 낼 수 있습니다.
- 임의의 Hz를 입력해 보고 실행해 봅시다.

※ 주의할 점

여기에서 주의할 점은 스피커도 LED와 마찬가지로 0의 값을 넣으면 소리가 꺼진다는 것입니다. 즉 0 이외의 값을 넣으면 그에 해당하는 소리가 발생하고, 0을 입력하면 소리가 안 나게 됩니다.

- 이것을 이용하여 다음과 같이 소리를 냈다 꺼 봅시다.

(2) 2단계: 멜로디 만들기

> 이번에는 멜로디 연주를 할 거야.
> 재미있는 멜로디를 만들어서 연주해 보자.

① 1단계 예제에서 우리는 소리 내기 블록에 원하는 Hz를 설정해 주면 그에 해당하는 소리가 나는 것을 확인했습니다. 이것을 이용해서 멜로디를 연주해 볼 것입니다.

- '도레미파솔라시도~'를 만들어 봅시다.
- 우리가 알고 있는 음계는 몇 Hz일까요?

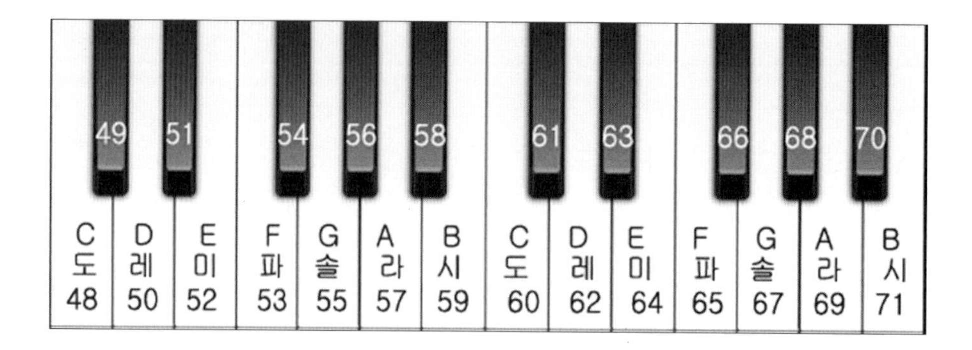

음계	주파수(옥타브 4)
도	262
레	294
미	330
파	349
솔	392
라	440
시	494
도	523

[표 3-1] 4옥타브의 음계

② 위의 표를 참고하여 아래의 블록을 만들면 '도레미'가 됩니다.

③ 여기에 원하는 음계를 만들어서 조합하기만 하면 멜로디를 연주할 수 있습니다. 예를 들어 다음과 같이 조합하면 하나의 멜로디가 됩니다.

※ 주의할 점

여기에서 중간, 중간 0Hz로 소리 내기가 있는 이유는 매번 다른 음을 낼 때에는 상관없으나, 같은 음을 두 번 이상 내려고 할 때는 중간에 0Hz로 소리를 꺼줘야지만 두 번 이상의 소리가 납니다. 0Hz로 소리를 꺼주지 않으면 솔을 두 번 냈을 때 소리만 긴 솔이 연주됩니다. 이것을 주의해야 합니다.

④ 위에서 작성한 코딩을 살펴보면 스피커를 통해서 멜로디를 연주하기 위하여 주파수 값만 다르고 동일한 블록들이 반복되는 것을 볼 수 있습니다.

```
스피커로 392 Hz 소리내기
0.5 초 기다리기
스피커로 0 Hz 소리내기
```

⑤ 주파수 값만 다르고 동일한 내용이 반복되니 이전에 배운 반복문을 사용해서 효과적으로 사용할 순 없을까요? 만약 반복될 때마다 주파수 값이 동일한 차이, 즉 10씩 증가하면 이전에 배운 변수를 사용하여 아래와 같이 조합하면 됩니다.

```
클릭했을 때
2 번을 output 모드로 설정
주파수 을(를) 300 로 정하기
10 번 반복하기
    스피커로 주파수 Hz 소리내기
    0.5 초 기다리기
    스피커로 0 Hz 소리내기
    주파수 을(를) 주파수 + 10 로 정하기
```

⑥ 그런데 주파수 값이 불규칙적으로 변하기 때문에 다른 방식을 생각해 보아야 하는데, 어떠한 장소에 사용하고자 하는 주파수 값들을 넣어 놓고 하나씩 가져다가 사용하는 방식을 생각해 볼 수 있습니다. 데이터 탭에 보면 변수 외에 리스트를 만들 수 있는 부분이 있습니다. 리스트가 우리의 문제를 해결해 줄 것입니다. 리스트는 흔히 프로그래밍 언어에서 배열이라고 하는 개념

으로 동일한 종류의 값들을 쌓아 놓을 때 유용하게 사용할 수 있으며 반복문에서 효과적으로 사용할 수 있습니다. 그럼 리스트를 이용하여 변경하여 보겠습니다.

⑦ 아래 부분은 코딩에서 사용할 변수인 순서와 리스트 변수인 주파수를 만들고 해당 블록들을 나타낸 것입니다. 여기서 순서 변수는 반복될 때마다 1씩 증가시켜서 주파수 리스트 변수에서 순차적으로 원하는 주파수 값을 순차적으로 가져올 때 사용합니다.

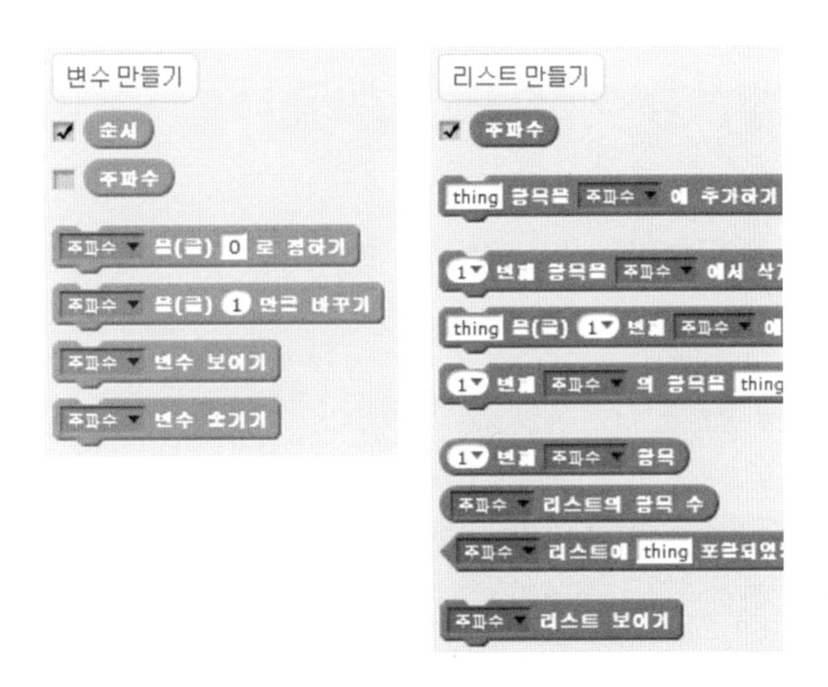

⑧ 리스트 변수인 주파수에 연주하고자 하는 멜로디의 주파수 값들을 추가합니다.

주파수 리스트 변수에 주파수 값들이 추가된 것을 볼 수 있습니다. 리스트 변수는 1번째부터 차곡차곡 저장되는 것을 볼 수 있습니다.

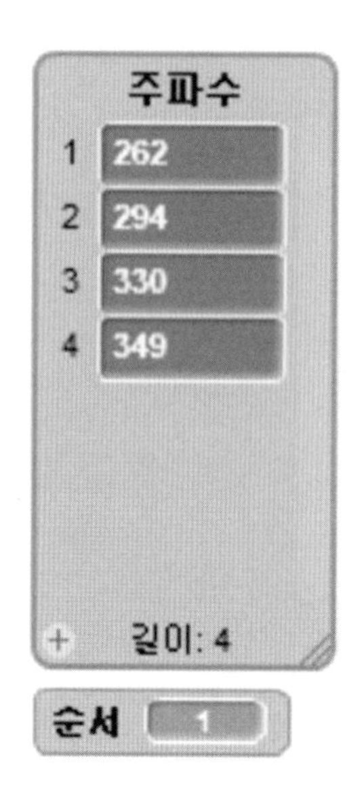

⑨ 반목문과 리스트 변수를 이용하여 원하는 멜로디를 순차적으로 연주하는 코딩입니다.

반복 횟수는 리스트 변수에서 제공하는 [주파수 ▼ 리스트의 항목 수] 블록을 이용하여 저장된 리스트 품목 수만큼만 반복하게 합니다.

주파수 리스트 변수에서 1번째부터 저장된 주파수 값을 가져오기 위해 [순서 ▼ 을(를) 1 로 정하기] 블록을 사용하여 순서 변숫값을 1로 초기화합니다.

순서 변숫값이 지정하는 위치에서 리스트 변수인 주파수에서 주파수 값을 가져와서 스피커로 소리를 내기 위해 [스피커로 (순서 번째 주파수 ▼ 항목) Hz 소리내기] 블록을 구성합니다.

처음에는 순서 변숫값이 1이므로 첫 번째 멜로디를 연주하게 됩니다.

1회 반복할 때마다 [순서 ▼ 을(를) (순서 + 1) 로 정하기] 블록을 이용하여 순서 값을 1씩 증가시켜서 다음 반복할 때 리스트 변수인 주파수에서 다음에 연주할 주파수 값을 지정하여 가져올 수 있도록 합니다.

완성된 코드입니다.

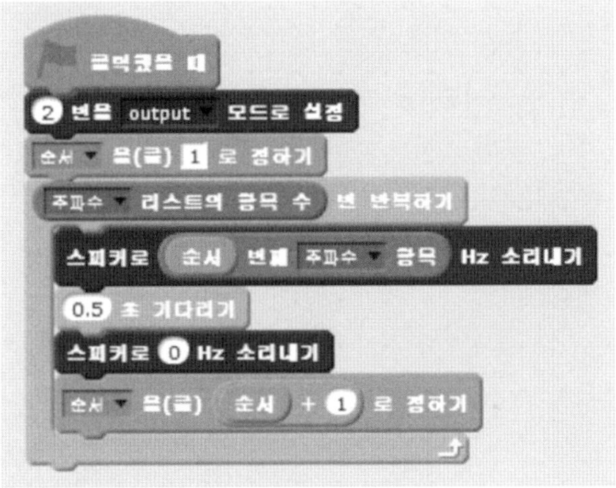

5) 생각과 나눔

(1) 생각하기

앞에서 배웠던 것을 이용하여 자유롭게 생각해 보고, 만든 것을 친구들과 서로 이야기해 봅시다.

(2) 이야기 나누기

- 사람은 어떻게 소리를 낼까요?
- 스피커의 종류와 원리에 대해 알아봅시다.
- 주변에 활용되고 있는 스피커의 용도와 모습을 알아봅시다.

6) 배운 내용 정리하기

이번 장에서 우리는 스피커의 의미와 동작 원리를 배우고, 스크래치 블록들을 이용하여 스피커를 제어하는 방법을 배웠습니다. 이를 통해서 외부에 장착된 장치들과 연결하고 사용하는 방법도 알 수 있었어요. 이번 장에서 배운 것을 정리하면 다음과 같습니다.

- 스피커는 전기신호를 우리가 들을 수 있는 소리로 바꿔 주는 장치입니다.
- 스피커는 2번 핀에 연결되어 있고 output으로 설정해야 합니다.
- 소리 내기 블록을 이용하면 스피커로 소리를 낼 수 있습니다.

6 초인종 멜로디 창작 체험

1) 버튼 이야기

(1) 버튼이란 무엇인가?

버튼이란 전기 장치에 전류를 끊거나 이어 주며 기기를 조작하는 장치를 말해요. 우리가 알고 있는 초인종에도 버튼이 들어 있어서, 버튼을 누르면 전기를 흘려서 소리가 나게 되어 있어요.

- 버튼은 초인종뿐만 아니라, 엘리베이터, TV 리모컨, 전화기 등 여러 분야에서 많이 사용하고 있어요.
- 창의설계 코딩 실험으로 버튼의 특성을 이해하고 제어를 해 보도록 해요.

2) 무엇을 배울까요

(1) 학습 목표

- 버튼의 기본 구조와 동작을 이해합니다.
- 버튼의 눌림 상태를 감지하여 LED를 켜거나 소리를 낼 수 있습니다.

(2) 학습 내용

- 1단계: 버튼으로 LED 켜보기
- 2단계: 버튼을 이용해서 초인종 만들기

3) 실험 준비

실험을 위한 준비입니다. 미리 알아두어 실험에 도움이 되도록 합니다.

(1) 프로그램 실행을 위한 준비하기

- 버튼을 이용한 학습을 하기 위해서는 창의설계 키트 본체와 연결 케이블을 준비합니다.

(2) 스크래치 명령 알아두기

블록	설명
클릭했을 때	녹색 깃발을 누르면 프로그램 시작
무한 반복하기	프로그램 블록 안의 실행 내용을 끝없이 반복 동작
Hello! 말하기	블록 안의 내용을 무대 위에 표시

아날로그 7 번의 값 읽기	선택한 아날로그 핀의 값을 읽기
만약 라면	블록의 조건이 옳다면 블록 안의 내용을 실행

4) 학습하기

(1) 1단계: 버튼으로 LED 켜보기

> 버튼으로 LED를 켜고 꺼 볼 거야.
> 우선 버튼의 상태를 확인할 수 있게 도와줘.

① 스크래치를 실행합니다. 컴퓨터 바탕화면에 있는 소프트웨어 'Scratch 2'를 실행합니다.

② 34페이지의 '창의설계 블록 추가하기'를 통해서 창의설계 키트 제어용 추가 블럭을 설치합니다.

③ 버튼을 동작시키기 위해 스크래치 프로그램을 이용하여 명령을 입력하고 실행합니다. 그러면 버튼에 따라 LED를 켜고 끌 수 있게 됩니다.

④ 이번에 다루게 될 버튼은 다음의 그림에서 사용자 버튼입니다. 사용자 버튼의 값을 확인하기 위해서는 다음과 같은 절차로 진행합니다.

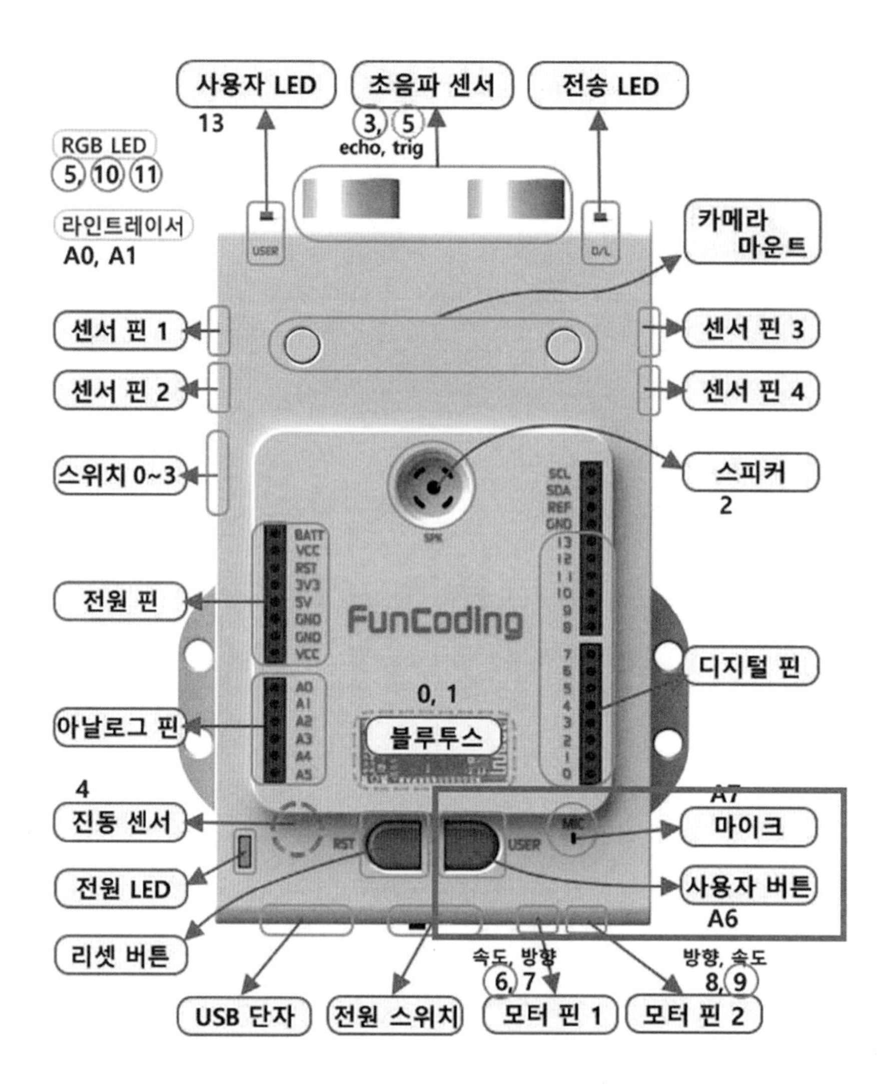

- 아날로그 값 확인하기

※ 입출력 설정

이전까지의 예제에서는 항상 입출력 설정을 먼저 해 주었습니다. 그런데 버튼은 입출력 설정을 하지 않습니다. 위의 그림을 보면 버튼은 'A6'라고 하여 아날로그 핀에 연결되어 있는데, 아날로그 핀에 연결된 장치들은 입출력 설정을 할 필요가 없습니다.

⑤ 버튼의 입출력 설정을 건너뛰고 버튼의 값을 읽어 보도록 합니다. 아날로그 핀에 연결되어 있는 장치는 다음의 블록을 이용하여 값을 읽습니다.

아날로그 6 번의 값 읽기

- 블록을 6번으로 설정했다면 블록을 눌러 봅시다.
- 버튼이 눌려져 있을 때는 0의 값이 나오고, 버튼이 눌려져 있지 않을 때는 0 이외의 임의의 값이 나옵니다.

⑥ 그다음 단계로는 직접 손으로 블록을 누르지 않고 버튼의 값을 확인하는 방법을 알아봅시다.

- 그 전에 먼저 형태 탭에 있는 말하기 블록에 대해 알아봅시다.

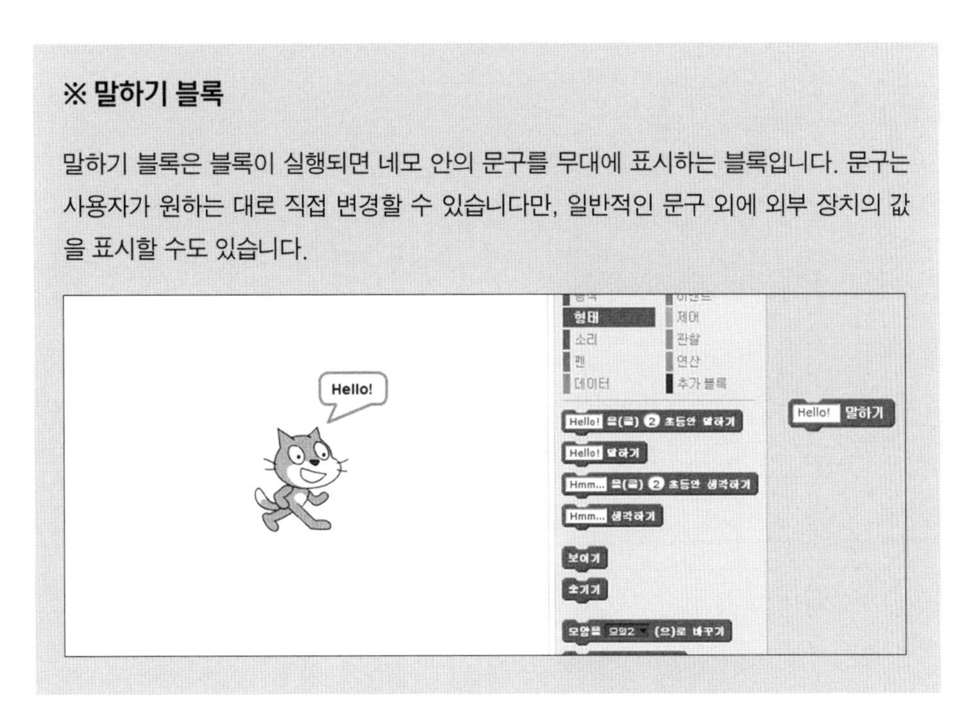

※ 말하기 블록

말하기 블록은 블록이 실행되면 네모 안의 문구를 무대에 표시하는 블록입니다. 문구는 사용자가 원하는 대로 직접 변경할 수 있습니다만, 일반적인 문구 외에 외부 장치의 값을 표시할 수도 있습니다.

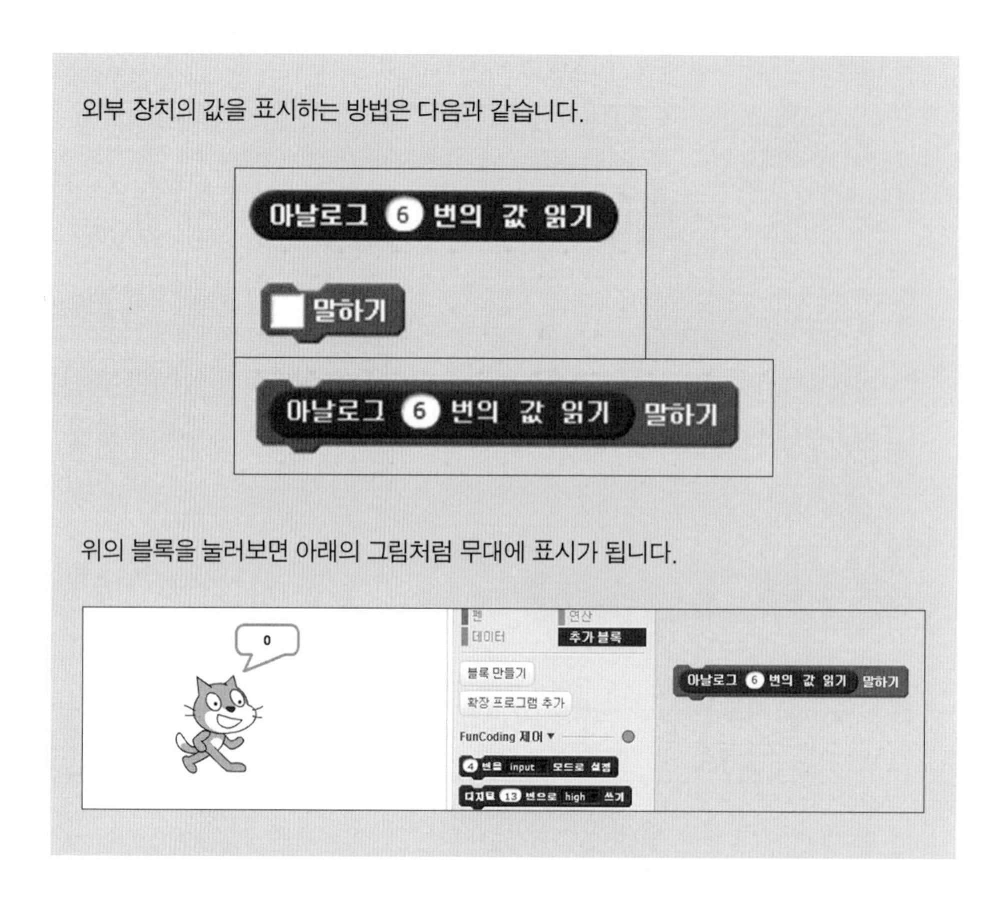

- 이제 이 블록을 이용해서 버튼의 값을 읽어 봅시다.

⑦ 그다음 단계로는 자동으로 버튼의 값을 지속적으로 무대에 표시해 봅시다.

- '지속적으로'라는 말이 나오면 '반복하기'블록을 이용하면 됩니다.
- 거기에 시작 블록까지 기본적으로 붙여 줍니다.

(2) 2단계: 버튼을 이용하여 초인종 만들기

이번에는 버튼을 이용한 초인종을 만들 거야. 버튼을 누르면 노래가 나오도록 도와줘.

① 2단계에서는 버튼과 스피커를 이용하여 초인종을 만들려고 합니다. 버튼이 눌렸을 때 스피커에서 소리를 내는 간단한 문제입니다.

② 먼저 조건에 대해 생각해 봅시다. '버튼이 눌렸을 때'라는 것이 조건입니다. 이 조건에 해당하는 블록을 만들어 봅시다.

- 첫 번째로 버튼의 값을 읽어야 합니다.

아날로그 6 번의 값 읽기

- 두 번째로 버튼이 눌렸다는 것을 확인하는 것은 아날로그 6번의 값이 0이어야 합니다. 연산 탭에 있는 조건문 블록을 사용합니다.

- 세 번째로 지속적으로 값을 확인하기 위해 아래와 같은 블록을 추가해 줍니다. 만약 블록도 반복 블록과 마찬가지로 제어 탭에 있습니다.

▪ 이 블록에 합쳐 줍니다.

③ 조건을 확인하는 블록이 완성되었다면 스피커를 울리는 블록을 추가하면 됩니다.

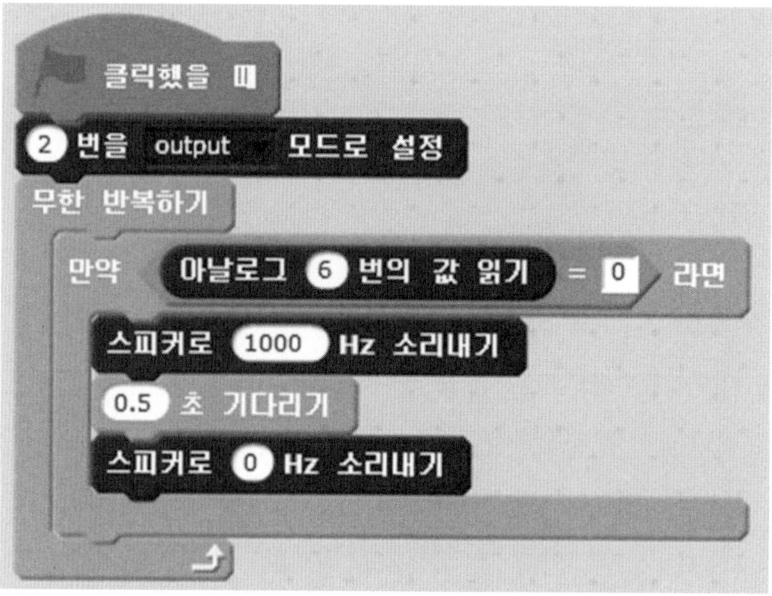

5) 생각과 나눔

(1) 생각하기

앞에서 배웠던 것을 이용하여 자유롭게 생각해 보고, 만든 것을 친구들과 서로 이야기해 봅시다.

(2) 이야기 나누기

- 이번에 학습한 버튼과 다른 종류의 버튼을 찾아봅시다.
- 주변에 활용되고 있는 버튼의 용도와 모습을 알아봅시다.
- 초인종을 멜로디로 만들어 봅시다.

6) 배운 내용 정리하기

이번 장에서 우리는 버튼의 용도와 동작 원리를 배우고, 스크래치를 블록들을 이용하여 버튼을 제어하는 방법을 배웠어요. 이를 통해서 외부에 장착된 장치들과 연결하고 사용하는 방법도 알 수 있었어요. 이번 장에서 배운 것을 정리하면 다음과 같아요.

- 버튼이란 전기의 흐름을 이어주거나 차단할 수 있는 장치를 말합니다.
- '아날로그 값 읽기' 블록을 이용하면 핀에 연결된 장치의 상태를 알 수 있어요.
- 아날로그 장치는 입출력 설정이 필요 없습니다.
- 말하기 블록은 원하는 문구를 무대에 띄우거나 외부 장치의 값을 무대에 띄울 수 있습니다.

7 진동 및 지진 감지기 창작 체험

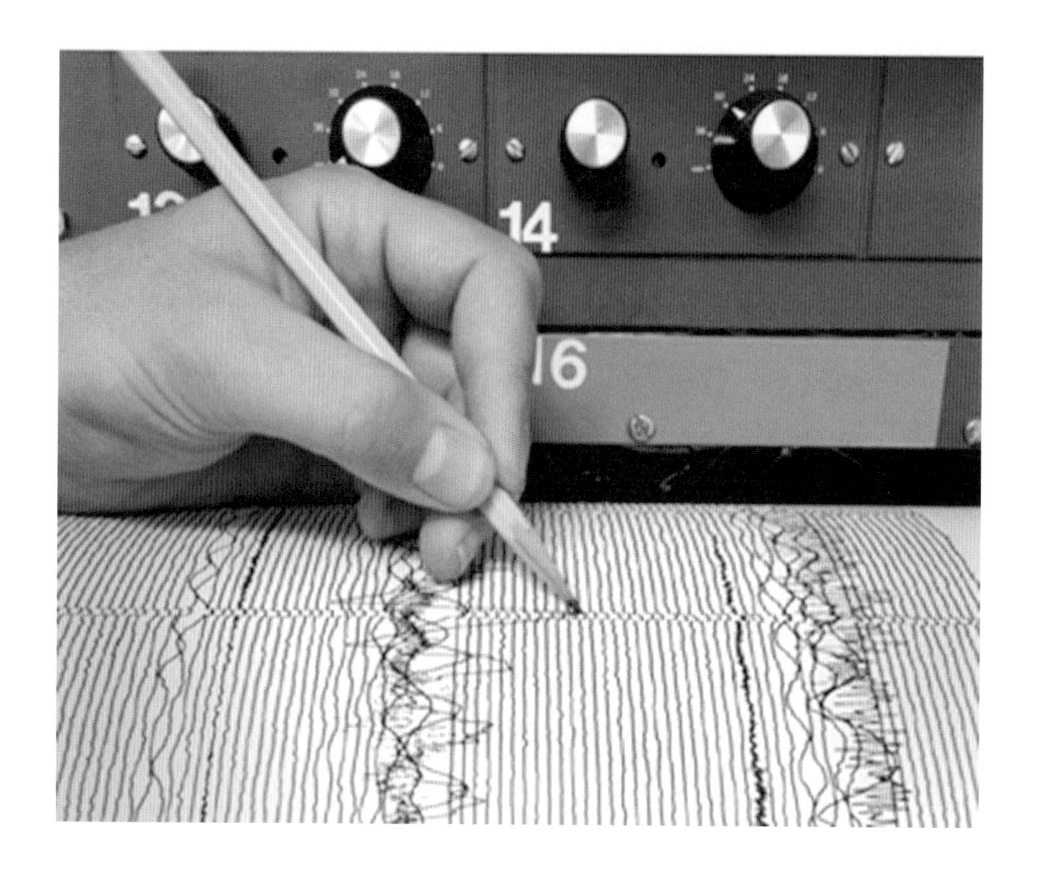

1) 진동 이야기

(1) 진동과 지진

진동이란 어떠한 물체나 양이 시간에 따라 흔들리거나 변화하는 것을 말하고, 지진은 자연적이나 인공적인 원인으로 지구 표면이 흔들리는 현상을 말합니다.

이번 장에서는 진동을 확인할 수 있는 장치인 진동 센서를 이용할 거예요. 진동 센서는 진동을 느끼면 로봇에 진동 값을 전해 주는 역할을 합니다.

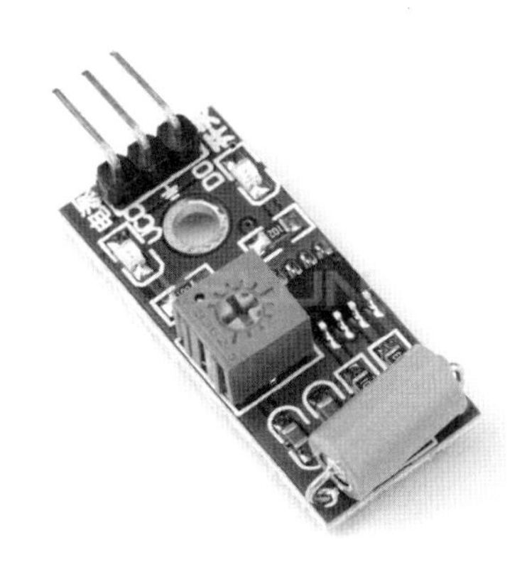

- 진동 센서를 이용하면 진동이나 지진을 확인할 수 있어요.
- 창의설계 코딩 실험으로 진동 센서의 특성을 이해하고 제어를 해 보도록 합시다.

2) 무엇을 배울까요

(1) 학습 목표

- 진동 센서의 기본 구조를 알고, 진동을 감지하는 방법을 배웁니다.
- 진동이 감지되었을 때의 다양한 처리 방법을 배웁니다.

(2) 학습 내용

- 1단계: 진동 센서로 진동 확인하기
- 2단계: LED와 스피커를 이용한 진동 감지기 만들기

3) 실험 준비

실험을 위한 준비입니다. 미리 알아두어 실험에 도움이 되도록 합니다.

(1) 프로그램 실행을 위한 준비하기

- 진동 센서를 이용한 학습을 하기 위해서는 창의설계 키트 본체와 연결 케이블을 준비합니다.

(2) 스크래치 명령 알아두기

클릭했을 때	녹색 깃발을 누르면 프로그램 시작
무한 반복하기	프로그램 블록 안의 실행 내용을 끝없이 반복 동작
Hello! 말하기	블록 안의 내용을 무대 위에 표시
디지털 4 번의 값 읽기	선택한 디지털 핀의 값을 읽기
만약 라면	블록의 조건이 옳다면 블록 안의 내용을 실행

4) 학습하기

(1) 1단계: 진동 센서로 진동 확인하기

진동 센서로 흔들리고 있는지 아닌지를 확인할 거예요.
우선 진동 센서의 센서값을 알 수 있도록 도와줘.

① 스크래치를 실행합니다. 컴퓨터 바탕화면에 있는 소프트웨어 'Scratch 2'를 실행합니다.

② 34페이지의 '창의설계 블록 추가하기'를 통해서 창의설계 키트 제어용 추가 블럭을 설치합니다.

③ 진동 센서를 동작시키기 위하여 스크래치 프로그램을 이용하여 명령을 입력하고 실행합니다. 그러면 명령에 따라 진동 센서로 진동을 확인할 수 있게 됩니다.

④ 이번에 다루게 될 진동 센서는 아래의 그림을 참조해 보면 리셋 버튼 왼쪽에 내장되어 있고, 디지털 4번핀에 연결되어 있습니다. 진동 센서의 값을 읽기 위해서는 다음과 같은 절차로 진행됩니다.

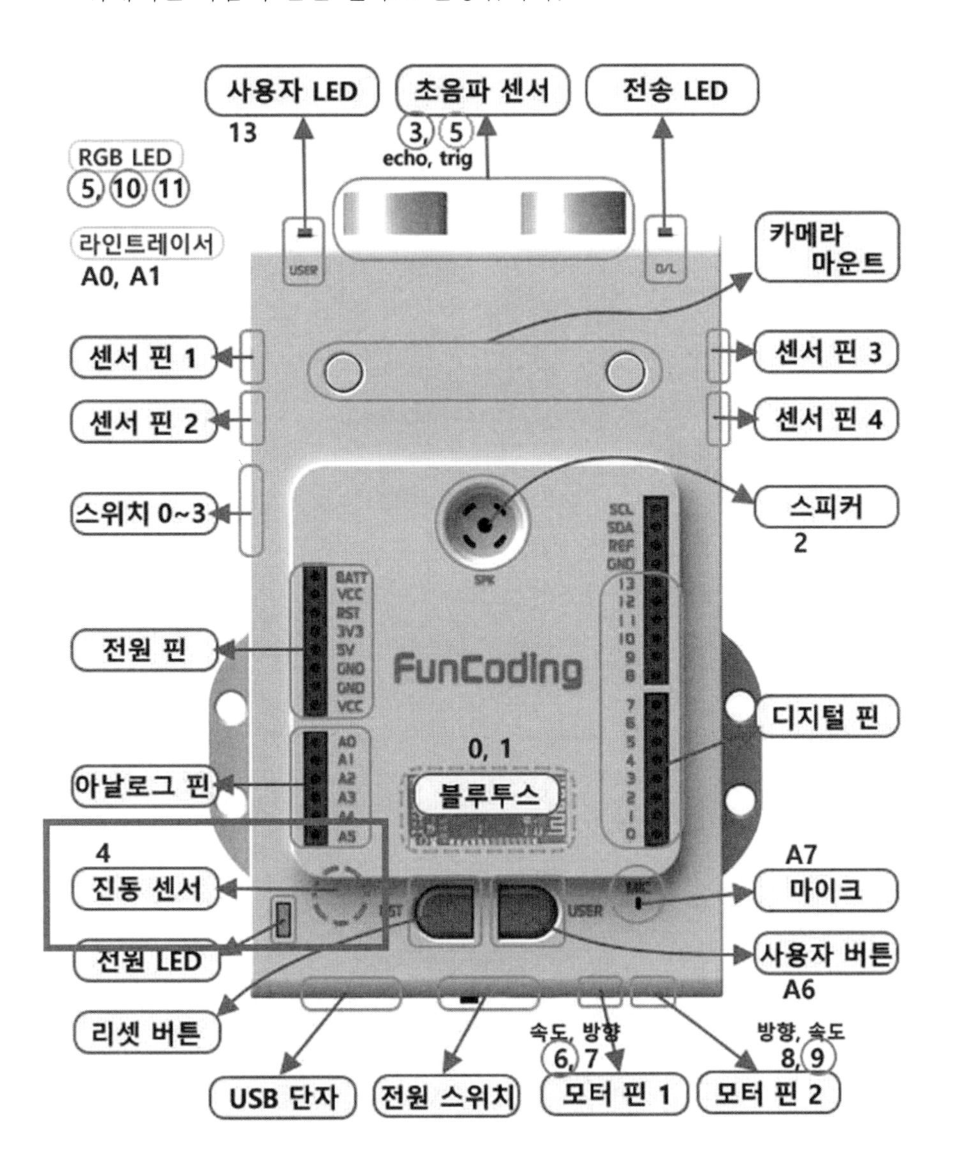

- 진동 센서 활성화
- 입출력 모드 설정
- 진동 센서값 읽기
- 센서값 표시하기

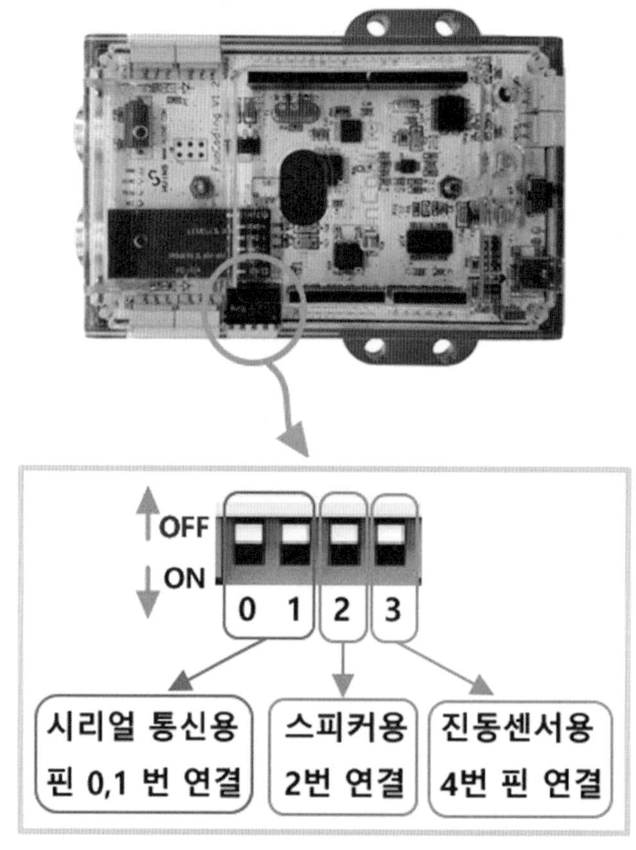

[주의] 스케치 프로그램을 업로드할 때는 시리얼 통신용 0번과 1번 스위치를 OFF(올림) 상태로 두어야 합니다.

⑤ 먼저 입출력 모드를 설정합니다. 버튼과 달리 진동 센서는 디지털 핀에 연결되어 있기 때문에 input으로 설정하고, 4번 핀에 연결되어 있기 때문에 다음과 같이 설정합니다.

⑥ 다음 단계로는 진동 센서의 값을 읽는 방법에 대해 알아봅시다. 우선 진동 센서의 특성을 먼저 알아봅시다.

- 진동 센서는 디지털 센서로 진동이 있으면 1, 없으면 0의 값을 출력합니다.
- 디지털 센서는 다음의 블록을 이용합니다.

- 이 블록을 눌러보면 진동이 있으면 true, 없으면 false가 됩니다.
- 여기에서 true는 1을, false는 0을 나타냅니다.
- 버튼 때와 같이 말하기 블록을 이용합니다.

⑦ 만약 블록을 이용하여 진동이 있으면 그 값을 1초 동안 보여주고, 아니면 진동이 없다고 표시해 줍니다.

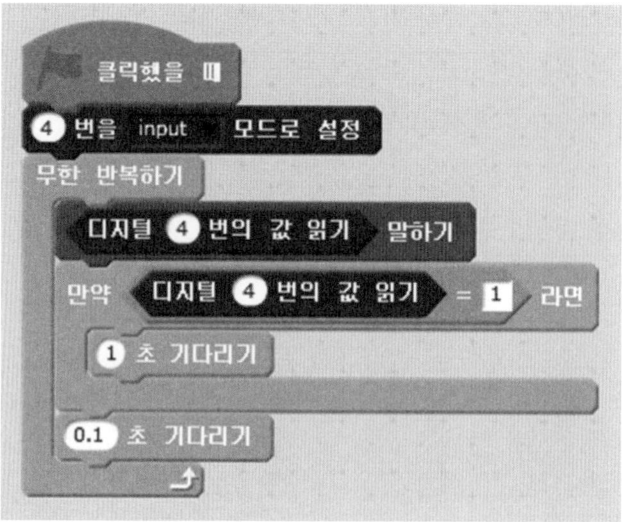

▪ 여기에서 true와 1을 나타낸다고 하였으므로 다음과 같이 바꿀 수도 있습니다.

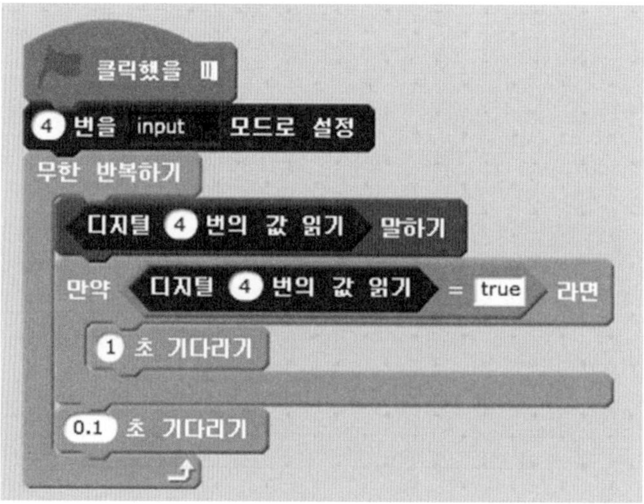

(2) 2단계: 스피커를 이용한 진동 감지기 만들기

> 이번에는 진동 감지기를 만들 거야.
> 진동을 느끼면 스피커를 켤 수 있도록 도와줘.

① 2단계에서는 1단계의 예제를 응용하여 진동이 울릴 때마다 스피커로 소리를 내 봅시다.

② 1단계에서 말하기를 이용하여 무대에 표시했던 것을 스피커로 소리를 내는 블록으로 교체해 주면 됩니다.

③ 결과는 다음의 블록을 참조하기 바랍니다.

```
클릭했을 때
4 번을 input 모드로 설정
무한 반복하기
    만약 디지털 4 번의 값 읽기 = true 라면
        스피커로 1000 Hz 소리내기
        1 초 기다리기
        스피커로 0 Hz 소리내기
    0.1 초 기다리기
```

5) 생각과 나눔

(1) 생각하기

앞에서 배웠던 것을 이용하여 자유롭게 생각해 보고, 만든 것을 친구들과 서로 이야기해 봅시다.

(2) 이야기 나누기

- 사람은 진동을 어떻게 느낄까요?
- 진동 센서를 어떻게 활용할 수 있을까요?

6) 배운 내용 정리하기

이번 장에서 우리는 진동 센서의 의미와 동작 원리를 배우고, 스크래치를 블록들을 이용하여 진동 센서를 제어하는 방법을 배웠어요. 이를 통해서 스크래치를 통하여 외부의 진동을 감지하고 다양한 처리를 할 수 있었어요. 이번 장에서 배운 것을 정리하면 다음과 같아요.

- 진동 센서는 진동을 느끼면 기계가 알 수 있는 전기적인 신호를 전달해 줘요.
- 이번에 사용한 진동 센서는 디지털 센서이므로 0 또는 1의 출력 값을 갖고, 입출력 설정을 해주어야 합니다(모든 진동 센서가 디지털 센서는 아닙니다).
- 디지털 값 읽기 블록은 연결된 디지털 장치의 값을 읽을 수 있습니다.
- 디지털 값 읽기 블록은 true 또는 false의 출력 값을 갖고, 각각은 1과 0을 나타냅니다.

8 마이크로 제어하는 창작 체험

1) 마이크 이야기

(1) 마이크란 무엇인가?

마이크는 소리를 기계가 이해할 수 있도록 전기신호로 바꿔주는 장치를 말합니다.

- 가수들이 노래를 부를 때나 연예인들이 방송을 할 때 많이 사용합니다.
- 창의설계 실습으로 마이크 특성을 이해하고 제어를 해 보도록 해요.

2) 무엇을 배울까요

(1) 학습 목표

- 마이크의 원리와 마이크를 이용하여 소리를 받는 방법을 배웁니다.
- 소리를 입력받고 그에 따른 처리에 대해 배웁니다.

(2) 학습 내용

- 1단계: 마이크로 소리 감지하기
- 2단계: 소리가 나면 따라서 소리 내기

3) 실험 준비

실험을 위한 준비입니다. 미리 숙지하여 실험에 도움이 되도록 합니다.

(1) 프로그램 실행을 위한 준비하기

- 마이크를 이용한 학습을 하기 위해서는 창의설계 키트 본체와 연결 케이블을 준비합니다.

(2) 스크래치 명령 알아두기

클릭했을 때	녹색 깃발을 누르면 프로그램 시작
무한 반복하기	프로그램 블록 안의 실행 내용을 끝없이 반복 동작

Hello! 말하기	블록 안의 내용을 무대 위에 표시
아날로그 7 번의 값 읽기	선택한 아날로그 핀의 값을 읽기
만약 라면	블록의 조건이 옳다면 블록 안의 내용을 실행
스피커로 0 Hz 소리내기	스피커로 원하는 Hz의 소리 내기
hello 와 world 결합하기	블록 안의 두 내용을 하나로 합침

4) 학습하기

(1) 1단계: 마이크로 소리 감지하기

> 마이크로 소리를 감지할 거야.
> 우선 센서값을 확인할 수 있도록 도와줘.

① 스크래치를 실행합니다. 컴퓨터 바탕화면에 있는 소프트웨어 'Scratch 2'를 실행합니다.

② 34페이지의 '창의설계 블록 추가하기'를 통해서 창의설계 키트 제어용 추가 블럭을 설치합니다.

③ 마이크를 동작시키기 위하여 스크래치 프로그램을 이용하여 명령을 입력하고 실행합니다. 그러면 명령에 따라 마이크로 소리를 감지할 수 있습니다.

④ 이번에 다루게 될 사운드 센서는 아래의 그림을 참조해 보면 사용자 버튼 오른쪽에 내장되어 있고, 아날로그 7번핀에 연결되어 있습니다. 또한, 스피커는 가운데에 내장되어 있고 디지털 2번핀에 연결되어 있습니다. 먼저 사운드 센서로 소리를 받아들이는 방법을 알아 봅시다. 절차는 다음과 같습니다.

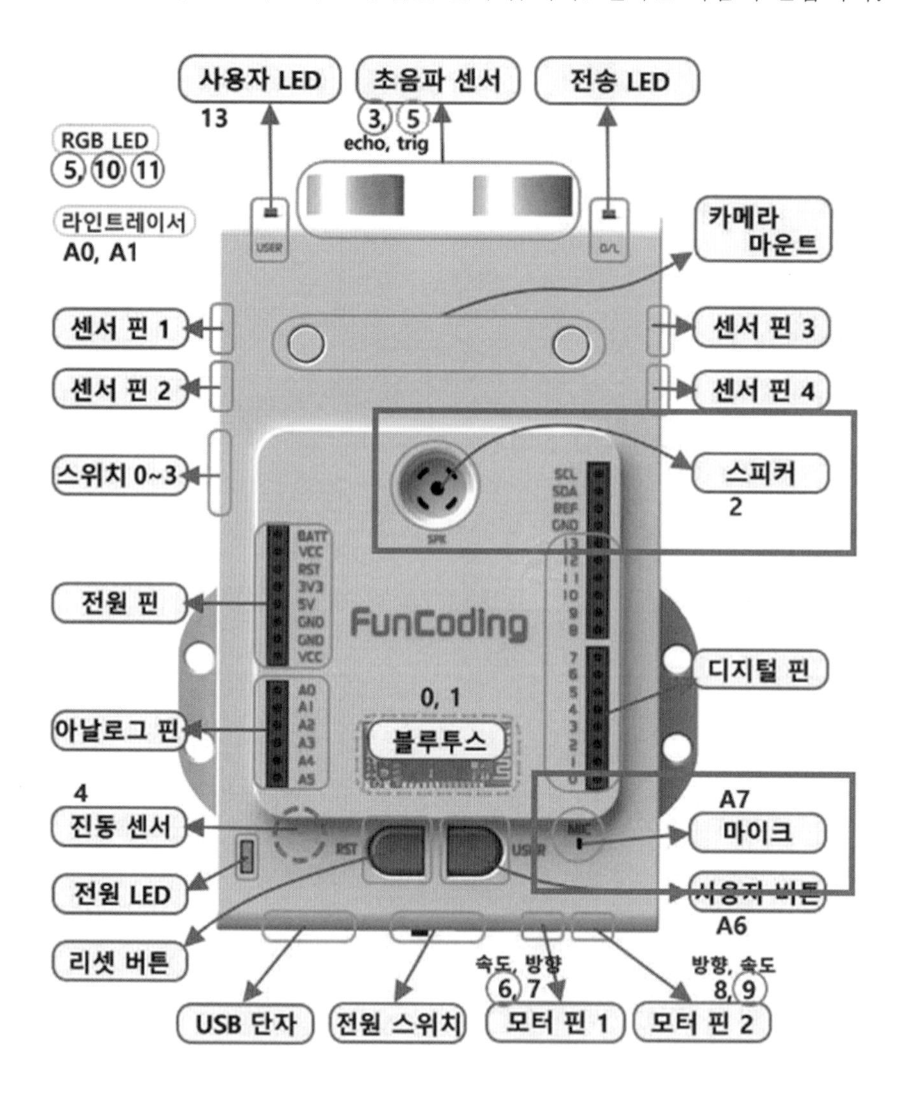

- 센서로부터 아날로그 값 읽기
- 읽은 아날로그 값 표시하기

⑤ 센서로부터 아날로그 값을 읽는 것은 버튼 때와 같이 다음과 같은 블록을 사용합니다. 사운드 센서는 아날로그 7번에 연결되어 있습니다. 블록을 눌러 보면 현재의 소리 값을 알 수 있습니다.

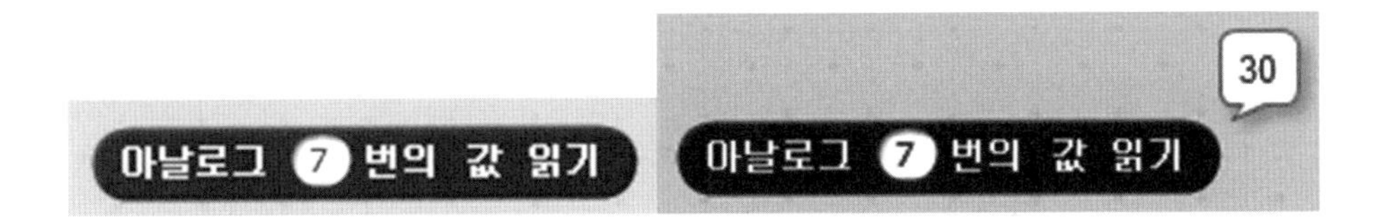

⑥ 그다음에는 반복하기와 말하기 블록을 이용해서 무대에 소리 값을 표시합니다.

- 여기까지가 앞 장까지 배웠던 일반적인 센서값의 표시입니다.
- 이와 같은 경우 무대에는 센서의 값만 표시되기 때문에 처음 보는 사람은 표시해 주는 값이 어떤 값을 나타내는지 알기 어렵습니다.
- 그렇기 때문에 표시하는 값에 대해 설명을 추가하려고 합니다. 이때는 다음과 같은 블록을 이용합니다. 결합하기 블록은 연산 탭에 있습니다.

※ 결합하기 블록

결합하기 블록은 두 개의 상자 안의 내용을 합쳐 줍니다. 블록을 가져와서 클릭해 보면 쉽게 이해할 수 있습니다. 두 상자 안의 내용은 직접 타이핑해서 넣을 수도 있지만 또 다른 블록을 넣을 수도 있습니다. 한쪽에 센서값 블록을 넣어주면 그 센서값에 대한 설명이나 단위 등을 표시할 수 있습니다. 예를 들어 다음과 같이 블록을 만들고 클릭하여 확인해 봅시다.

소리크기= 와 아날로그 7 번의 값 읽기 결합하기

⑦ 이제 위의 블록을 결합하기를 이용하여 아래와 같이 수정해 봅시다.

클릭했을 때
무한 반복하기
소리크기= 와 아날로그 7 번의 값 읽기 결합하기 말하기
0.5 초 기다리기

- 큰 소리를 내면 값이 커지고, 작은 소리에는 값이 작아지는 것을 확인할 수 있습니다.

(2) 2단계: 소리가 나면 따라서 소리 내기

마이크로 소리를 감지할 거야. 우선 센서값을 확인할 수 있도록 도와줘.

① 2단계에서는 주변에 큰소리가 나면 경고음을 내주는 것을 해 보겠습니다. 주변에 큰소리가 났을 때 스피커로 경고음을 내주는 것은 방범장치에도 이용되는 방법입니다.

② 1단계 예제에서 사운드 센서로 소리의 크기를 확인해 보았습니다. 여기에서 알 수 있는 것은 일부러 소리를 내지 않아도 주변 소음에 의해서 작은 값이 나온다는 것입니다. 그렇다면 인위적으로 소리를 낸 것을 어떻게 확인할 수 있을까요? 여기에서는 '기준점'이라는 것을 이용합니다.

- 사용자가 임의로 기준점을 정해서 이 기준점을 기준으로 해서 기준점 이상을 '큰 소리', 기준점 이하를 '작은 소리'로 분류하는 것입니다.

③ 이 기준점을 이용해서 2단계 예제 중 '주변에 큰 소리가 났을 때'를 판단합니다. '주변에 큰 소리가 났을 때'라는 것은 조건을 말하는 것으로 만약 블록을 이용합니다. 위의 조건을 만족하는 블록은 다음과 같이 됩니다.

- 여기에서는 기준점을 100으로 설정해서 100을 넘는 값을 큰 소리로 가정한 것입니다.

④ 그다음 단계로는 위의 조건이 성립할 때 경고음을 발생하므로 소리를 내는 블록을 추가하면 됩니다.

- 동작을 확인해 봅시다.

5) 생각과 나눔

(1) 생각하기

앞에서 배웠던 것을 이용하여 자유롭게 생각해 보고, 만든 것을 친구들과 서로 이야기해 봅시다.

(2) 이야기 나누기

- 앞에서 사용한 마이크를 우리의 몸에 비유하면 어느 부위와 비교할 수 있을까요?
- 주변에 활용되고 있는 마이크의 용도와 모습을 알아봅시다.

6) 배운 내용 정리하기

이번 장에서 우리는 마이크의 의미와 동작 원리를 배우고, 스크래치를 블록들을 이용하여 마이크를 제어하는 방법을 배웠어요. 이를 통해서 스크래치를 이용하면 주변의 소리에 대해 스피커를 통해서 소리를 내는 방법을 배웠습니다. 이번 장에서 배운 것을 정리하면 다음과 같습니다.

- 마이크는 주변의 소리를 기계가 알 수 있는 전기적인 신호로 바꿔주는 장치입니다.
- 마이크는 아날로그 핀에 연결되어 있어 입출력 설정이 필요 없습니다.
- 마이크는 아날로그 값을 출력하기 때문에 사용자가 임의로 '기준점'을 정해서 값을 구분해야 합니다.
- 결합하기 블록을 이용하면 두 개의 텍스트나 블록들을 조합할 수 있습니다.

9 모터로 바퀴 돌리기 창작 체험 Ⅰ

1) 모터 이야기

(1) DC모터란?

이번 장에서는 모터의 종류 중 하나인 DC모터에 대해 알아 보아요.

DC모터란 직류 전기를 흘려주면 회전하는 모터를 말해요. 여기에서 직류 전기란 건전지나 배터리와 같이 +, - 극성이 있는 전원을 말해요.

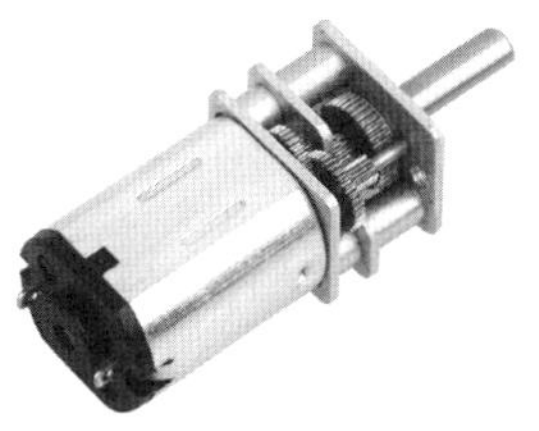

- DC모터는 선풍기나 장난감 자동차 등에 자주 사용됩니다.
- 감속 기어의 원리

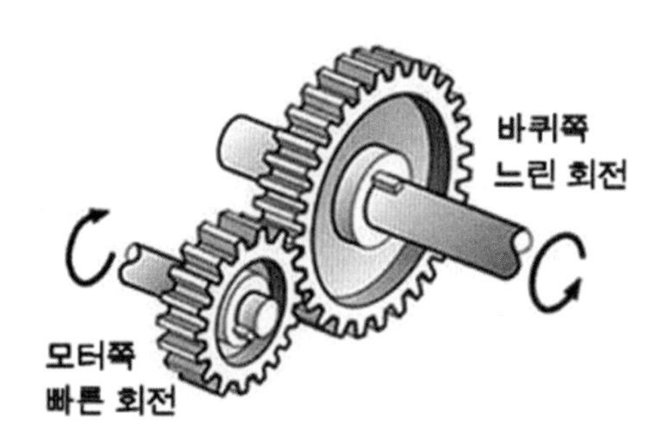

- 창의설계 코딩 실험으로 DC모터의 특성을 이해하고 제어를 해 보도록 합시다.

2) 무엇을 배울까요

(1) 학습 목표

- DC모터의 기본 구조를 알고, 모터를 움직이는 방법을 배웁니다.
- DC모터를 다양한 속도로 움직여 봅니다.

(2) 학습 내용

- 1단계: 하나의 DC모터 움직이기
- 2단계: 두 개의 DC모터 움직이기

3) 실험 준비

실험을 위한 준비입니다. 미리 알아두어 실험에 도움이 되도록 합니다.

(1) 프로그램 실행을 위한 준비하기

- DC모터 이용한 학습을 하기 위해서는 창의설계 키트 본체와 연결 케이블과 다음과 같은 실험도구를 준비합니다.

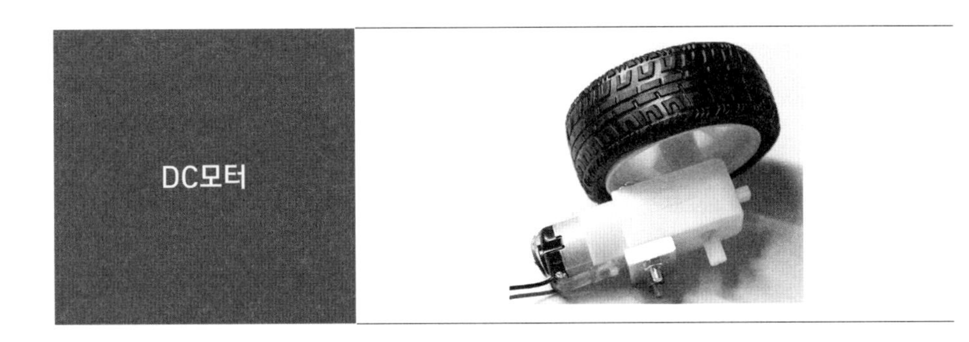

(2) 스크래치 명령 알아두기

블록	설명
클릭했을 때	녹색 깃발을 누르면 프로그램 시작
1 초 기다리기	원하는 시간만큼 기다리기
10 번 반복하기	블록 안의 숫자만큼 반복하기
4 번을 input 모드로 설정	원하는 핀의 입출력 설정
디지털 13 번으로 high 쓰기	원하는 핀에 디지털 값 쓰기
PWM 11 번으로 0 값 쓰기	원하는 핀에 0 ~ 255 값 쓰기

4) 학습하기

(1) 1단계: 하나의 DC모터 움직이기

DC모터의 동작을 확인할 거예요.
우선 모터의 방향 설정과 속도 변환을 할 수 있도록 도와줘.

① 스크래치를 실행합니다. 컴퓨터 바탕화면에 있는 소프트웨어 'Scratch 2'를 실행합니다.

② 34페이지의 '창의설계 블록 추가하기'를 통해서 창의설계 키트 제어용 추가 블럭을 설치합니다.

③ DC모터를 동작시키기 위하여 스크래치 프로그램을 이용하여 명령을 입력하고 실행합니다. 그러면 명령에 따라 DC모터를 움직일 수 있게 됩니다.

④ 이번에 다루게 될 DC모터는 아래의 그림을 참조하여 창의설계 키트에 직접 연결해서 사용합니다. DC모터를 제어하기 위한 절차는 다음과 같습니다.

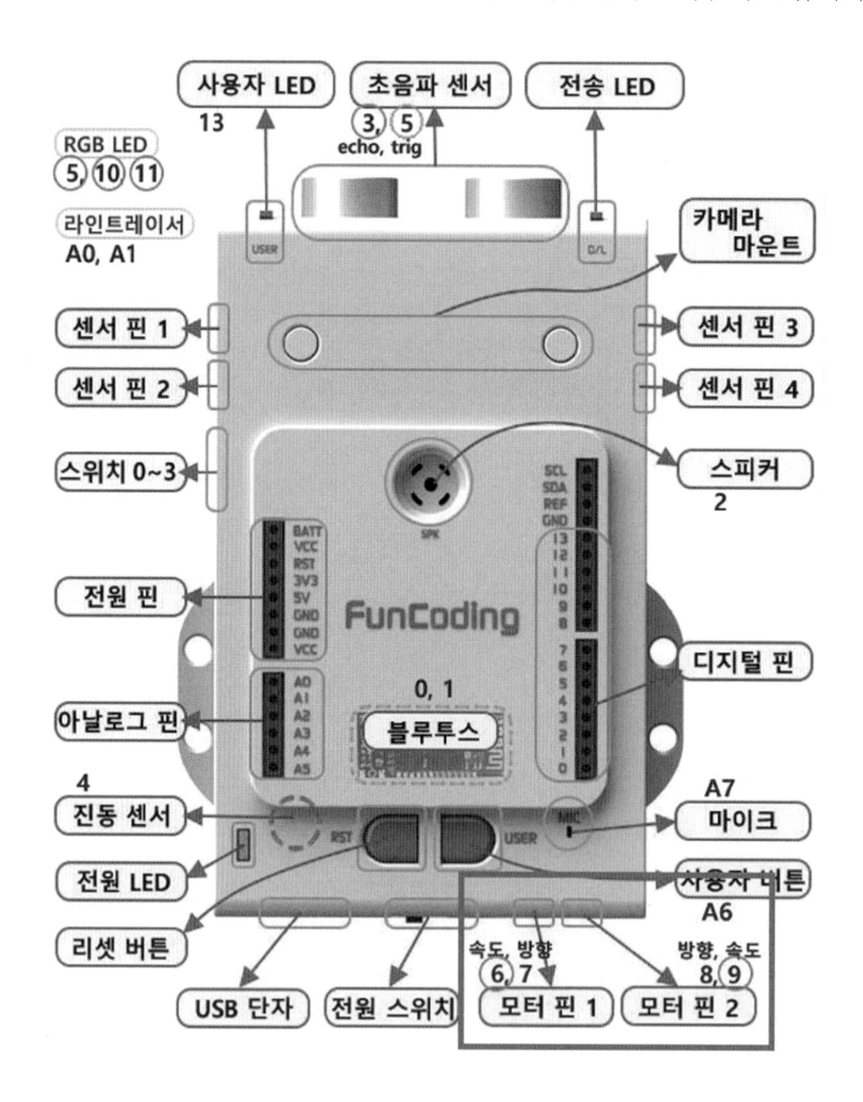

코딩 실습에 앞서서 창의설계 키트의 연결도 및 연결 상태를 확인합니다. 아래의 그림처럼 모터 연결 케이블을 엇갈려서 연결합니다.

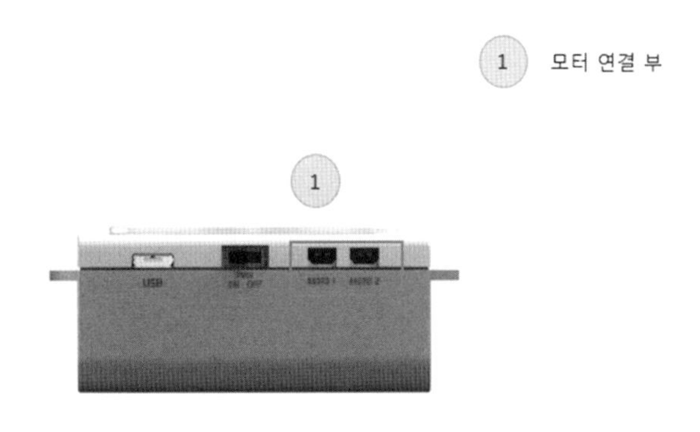

- 모터 연결 핀의 입출력 설정
- 모터의 방향 설정
- 모터의 속도 설정

⑤ 1단계에서는 하나의 DC모터(왼쪽 바퀴)를 이용하여 모터의 방향 전환과 속도 변환을 해 볼 것입니다.

⑥ 먼저 입출력 설정입니다. DC모터는 방향을 제어하기 위한 핀과 속도를 제어하기 위한 핀이 따로 있다고 하였으므로 입출력 설정도 모터 하나당 2개의 설정이 필요합니다.

- 방향을 제어하기 위한 핀은 7번, 속도를 제어하기 위한 핀은 6번입니다.
- 모터의 회전 방향은 시계방향과 반시계방향 두 가지로 나뉘는데, 사용자가 값을 0 또는 1로 지정해 주기 때문에 output으로 설정합니다. 또한, 회전 방향을 결정하는 핀은 7번핀이기 때문에 다음과 같이 설정합니다.

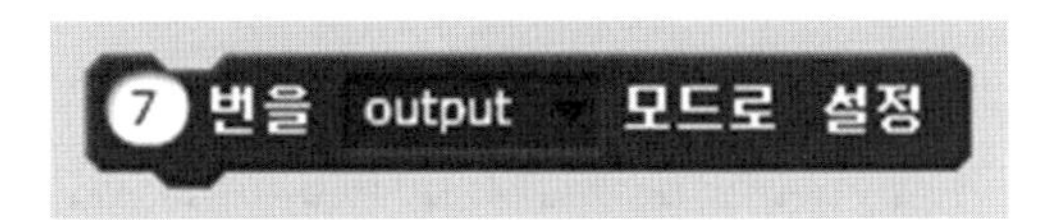

- 모터의 속도 변환은 방향과 같이 0 또는 1이 아니라 0~255까지의 숫자를 입력하여 속도를 변환합니다. 속도 변환은 앞에서 배웠던 LED의 밝기 조절처럼 PWM을 이용합니다. 또한, 6번핀에 연결되어 있기 때문에 다음과 같이 설정합니다.

⑦ 모터의 방향은 디지털 7핀에 0(low)를 쓰면 왼쪽 바퀴는 반시계방향으로 회전하고, 7번 핀에 1(high)를 쓰면 시계방향으로 회전합니다.

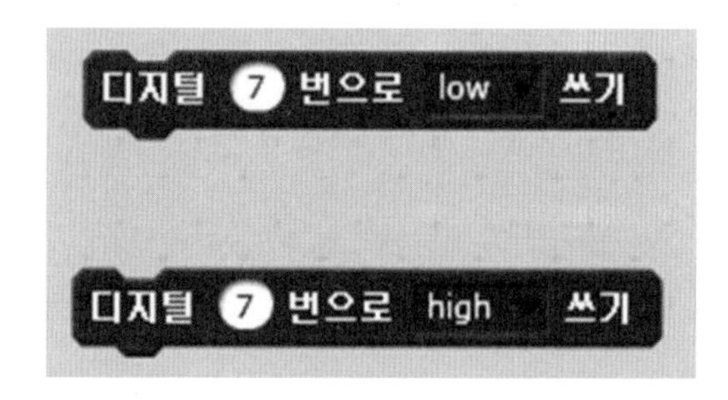

⑧ 모터의 속도 변환은 LED의 밝기 조절처럼 0~255 사이의 숫자를 입력하면 그에 해당하는 힘으로 동작합니다. 물론 0을 입력하면 모터는 멈추고 255를 입력하면 가장 빠른 속도로 회전합니다.

⑨ 위의 블록들을 조합하여 왼쪽 바퀴를 반시계방향 회전, 시계방향 회전, 정지를 2번 반복하도록 해봅니다.

※ 주의사항

DC모터의 경우, 고속의 상태에서 감속 없이 회전 방향을 반대로 바꾸게 되면 모터에 무리가 갑니다.

(2) 2단계: 두 개의 DC모터 움직이기

이번에는 두 개의 DC모터를 움직일 거야.
전진과 후진을 할 수 있도록 도와줘.

① 2단계에서는 2개의 모터를 모두 이용하여 탱크를 앞/뒤로 움직여 보도록 하겠습니다. 모터가 한 개 더 증가되었어도 동작하기 위한 절차는 1단계와 같습니다.

- 입출력 설정
- 모터의 방향 설정
- 모터의 속도 설정

② 모터 제어를 위한 입출력 설정은 아래의 그림을 참조합니다.

- 아래의 그림을 참조하면 블록은 다음과 같이 됩니다.

③ 이번에는 모터의 방향 설정입니다. 방향 설정은 디지털 7, 8번을 어떻게 쓰느냐에 따라 달라집니다. 여기에서 주의할 점은 전진/후진을 하기 위해서는 좌/우의 모터가 서로 다른 방향으로 회전해야 합니다.

- 아래의 그림을 보면 두 개의 모터가 서로 마주 보고 있기 때문에 탱크가 같은 방향으로 진행하려면 모터가 서로 다르게 회전해야 합니다.

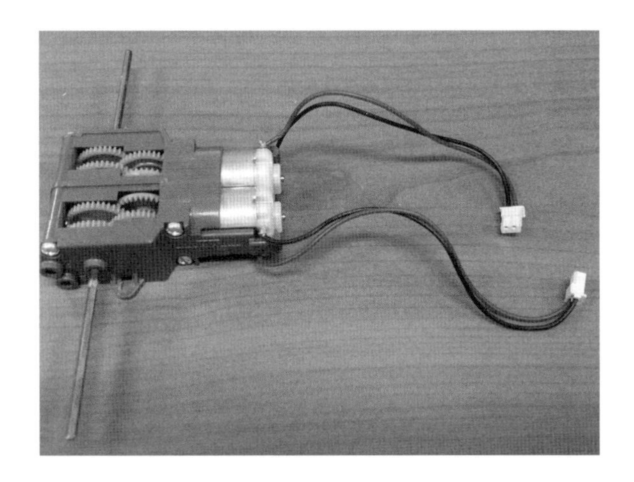

④ 전진과 후진에 대해 자세히 알아봅시다.

- 전진을 하기 위해서는 왼쪽 모터는 반시계방향으로, 오른쪽 모터는 시계방향으로 회전해야 합니다.

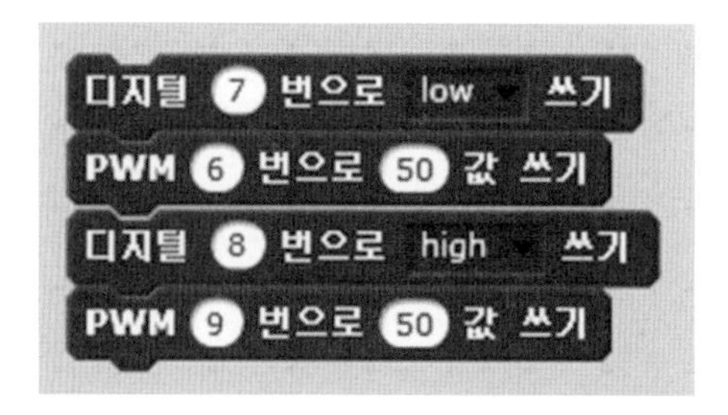

- 후진을 하기 위해서는 왼쪽 모터는 시계방향, 오른쪽 모터는 반시계방향으로 회전해야 합니다.

▪ 정지는 방향과 상관없이 양쪽 모터의 속도를 0으로 해주면 됩니다.

⑤ 블록들을 조합해서 전진, 후진, 정지를 차례로 2번 반복하도록 만들어 봅시다.

5) 생각과 나눔

(1) 생각하기

앞에서 배웠던 것을 이용하여 자유롭게 생각해 보고, 만든 것을 친구들과 서로 이야기해 봅시다.

(2) 이야기 나누기

- DC모터와 서보모터의 차이점은 무엇인가요?
- DC모터를 어디에 활용할 수 있을지 생각해 봅시다.

6) 배운 내용 정리하기

이번 장에서 우리는 DC모터의 의미와 동작 원리를 배우고, 스크래치를 블록들을 이용하여 DC모터를 제어하는 방법을 배웠어요. 이를 통해서 스크래치를 통하여 DC모터의 원하는 속도로 동작시킬 수 있었어요. 이번 장에서 배운 것을 정리하면 다음과 같습니다.

- DC모터는 직류 전기를 흘려 주면 회전합니다.
- 하나의 DC모터를 제어에는 회전 방향 제어와 회전 속도 제어가 있습니다.
- PWM을 이용하면 DC모터의 회전 속도를 바꿀 수 있습니다.
- 모터의 정지에는 회전 방향이 상관없습니다.

10 모터로 바퀴 돌리기 창작 체험 II

1) 무엇을 배울까요

(1) 학습 목표

- DC모터의 기본 구조를 알고, 모터를 움직이는 방법을 배웁니다.
- DC모터를 다양한 속도로 움직여 봅니다.

(2) 학습 내용

- 1단계: 좌회전/우회전 해보기
- 2단계: 4방향 제어하기

2) 실험 준비

실험을 위한 준비입니다. 미리 알아두어 실험에 도움이 되도록 합니다.

(1) 프로그램 실행을 위한 준비하기

- DC모터 이용한 학습을 하기 위해서는 창의설계 키트 본체와 연결 케이블과 아래와 같은 실험도구를 준비합니다.

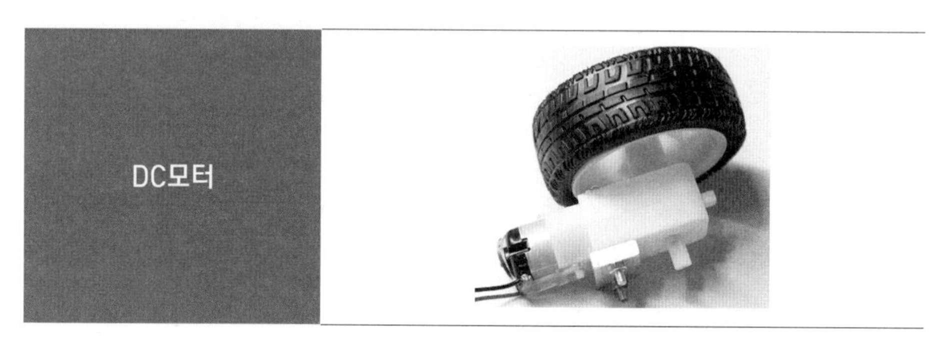

(2) 스크래치 명령 알아두기

블록	설명
클릭했을 때	녹색 깃발을 누르면 프로그램 시작
1 초 기다리기	원하는 시간만큼 기다리기
10 번 반복하기	블록 안의 숫자만큼 반복하기
4 번을 input 모드로 설정	원하는 핀의 입출력 설정
디지털 13 번으로 high 쓰기	원하는 핀에 디지털 값 쓰기
PWM 11 번으로 0 값 쓰기	원하는 핀에 0~255 값 쓰기

3) 학습하기

(1) 1단계: 좌회전/우회전 해보기

> 이번에는 좌회전/우회전을 해볼 거야.
> 스스로 할 수 있도록 도와줘.

① 스크래치를 실행합니다. 컴퓨터 바탕화면에 있는 소프트웨어 'Scratch 2'를 실행합니다.

② 34페이지의 '창의설계 블록 추가하기'를 통해서 창의설계 키트 제어용 추가 블럭을 설치합니다.

③ DC모터를 동작시키기 위하여 스크래치 프로그램을 이용하여 명령을 입력하고 실행합니다. 그러면 명령에 따라 DC모터를 움직일 수 있게 됩니다.

④ 이번에 다루게 될 DC모터는 다음의 그림을 참조하여 창의설계 키트에 직접 연결해서 사용합니다. DC모터를 제어하기 위한 절차는 다음과 같습니다.

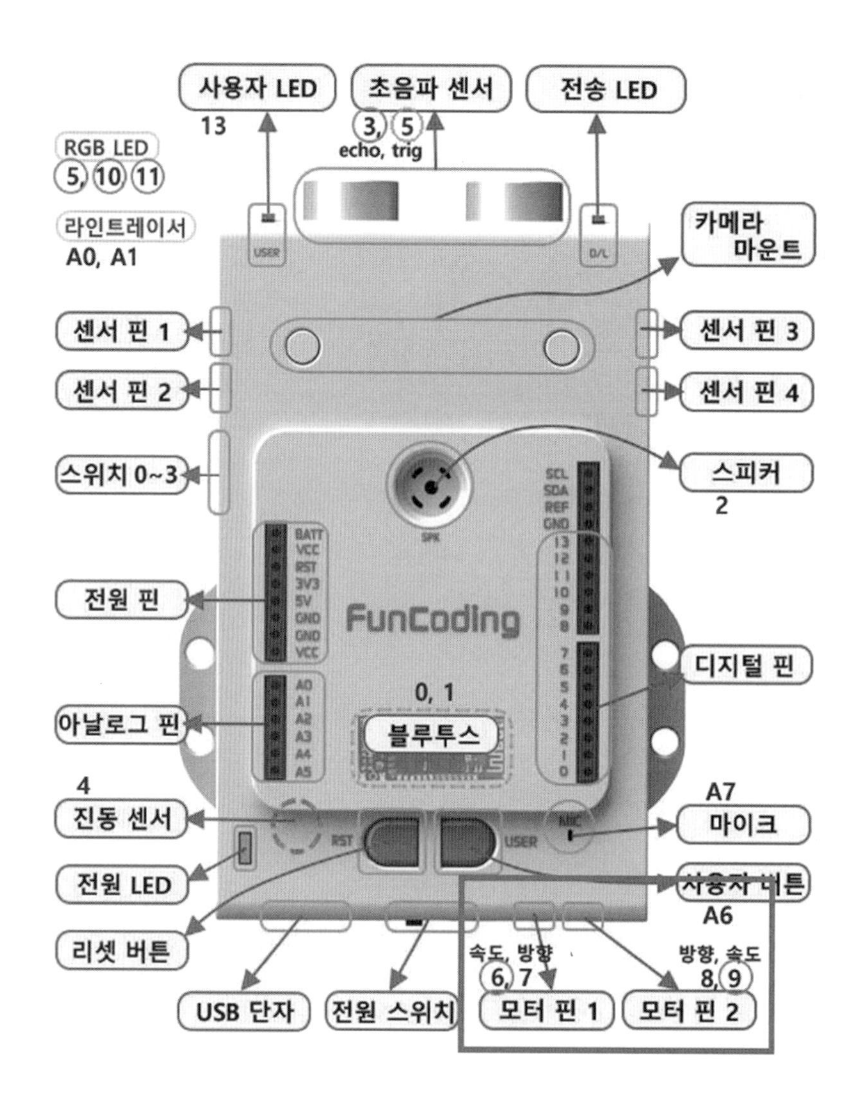

코딩 실습에 앞서서 창의설계 키트의 연결도 및 연결 상태를 확인합니다. 아래의 그림처럼 모터 연결 케이블을 엇갈려서 연결합니다.

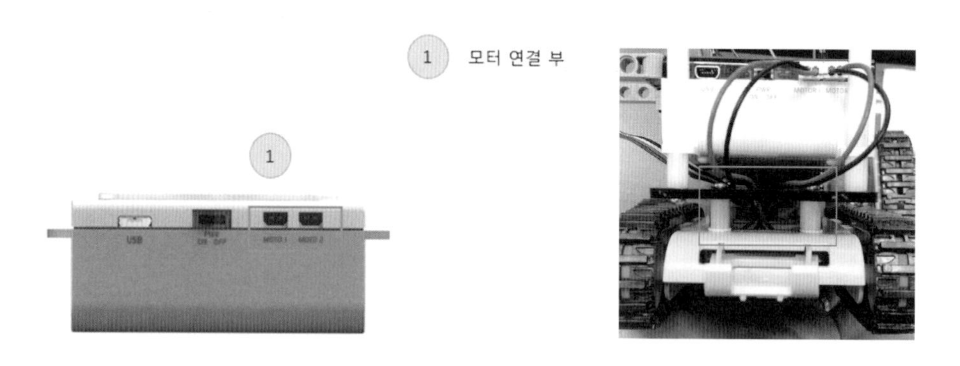

- 모터 연결 핀 입출력 설정
- 모터의 방향 설정
- 모터의 속도 설정

⑤ 이번 장에서는 앞 장에 이어서 두 개의 모터를 구동해 봅시다. 앞 장에서 우리는 모터의 방향 전환과 속도 변환을 해 보았습니다. 이번에는 좌회전/우회전을 해 봅시다.

⑥ 먼저 입출력 설정입니다. 2개의 모터를 사용하기 위한 입출력 설정은 앞 장과 같이 모터마다 속도 제어를 위한 핀 하나와 방향 제어를 위한 핀 하나를 설정해 주면 됩니다.

⑦ 좌회전을 위한 모터의 방향 설정은 다음의 그림을 참조합니다.

- 좌회전/우회전은 전진/후진과 반대로 두 개의 모터가 같은 방향으로 회전합니다.
- 좌회전의 경우에는 두 모터가 모두 시계방향으로 회전해야 합니다.

⑧ 우회전을 위한 모터의 방향 설정은 아래의 그림을 참조합니다.

- 우회전의 경우에는 두 모터가 모두 반시계방향으로 회전해야 합니다.

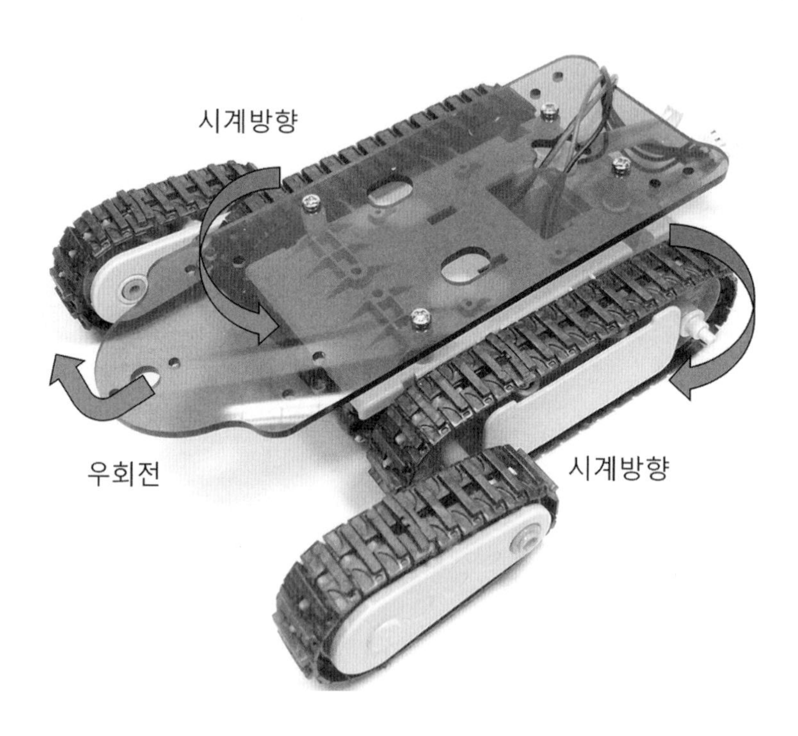

⑨ 위의 방향 설정대로 디지털 7, 8번 핀을 설정하고 6, 9번 핀에 PWM으로 속도만 설정해 주면 좌회전이나 우회전할 수 있습니다.

- 위의 블록들을 이용해서 좌회전, 우회전, 정지를 2번 반복하도록 블록을 만들어 봅시다.

※ 주의사항

DC모터의 경우, 고속의 상태에서 감속 없이 회전 방향을 반대로 바꾸게 되면 모터에 무리가 갑니다.

(2) 2단계: 4방향 제어하기

> 이번에는 4방향 제어를 해 볼 거야.
> 4방향 제어와 정지를 할 수 있도록 도와줘.

① 2단계에서는 앞 장의 전진/후진과 이번 장의 좌회전/우회전을 합쳐서 4방향 제어를 해 보겠습니다.

② 이번 장에서는 특별히 이전의 실습을 토대로 스스로 해 봅시다.

- 전진, 후진, 좌회전, 우회전, 정지를 순서대로 2번 반복하는 프로그램을 만들어 봅시다.

③ 결과는 다음과 같습니다.

4) 생각과 나눔

(1) 생각하기

앞에서 배웠던 것을 이용하여 자유롭게 생각해 보고, 만든 것을 친구들과 서로 이야기해 봅시다.

(2) 이야기 나누기

- DC모터와 서보모터의 차이점은 무엇인가요?
- DC모터를 어디에 활용할 수 있을지 생각해 봅시다.

5) 배운 내용 정리하기

이번 장에서 우리는 DC모터의 의미와 동작 원리를 배우고, 스크래치를 블록들을 이용하여 DC모터를 제어하는 방법을 배웠습니다. 이를 통해서 스크래치를 통하여 DC모터의 원하는 속도로 동작시킬 수 있었어요. 이번 장에서 배운 것을 정리하면 다음과 같습니다.

- DC모터는 직류 전기를 흘려주면 회전합니다.
- 하나의 DC모터를 제어에는 회전 방향 제어와 회전 속도 제어가 있습니다.
- PWM을 이용하면 DC모터의 회전 속도를 바꿀 수 있습니다.
- 모터의 정지에는 회전 방향이 상관없습니다.

11 마이크로 제어하는 자동차 창작 체험

1) 마이크 이야기

(1) 마이크란 무엇인가?

마이크는 소리를 기계가 이해할 수 있도록 전기신호로 바꿔주는 장치를 말합니다.

- 가수들이 노래를 부를 때나 연예인들이 방송을 할 때 많이 사용합니다.
- 창의설계 실습으로 마이크 특성을 이해하고 제어를 해보도록 해요.

2) 무엇을 배울까요

(1) 학습 목표

- 마이크의 원리와 마이크를 이용하여 소리를 받는 방법과 응용 방법을 배웁니다.
- 마이크를 이용하여 다른 장치를 제어하는 방법을 배웁니다.

(2) 학습 내용

- 1단계: 소리가 나면 회피하기
- 2단계: 소리가 나면 임의의 방향으로 움직이기

3) 실험 준비

실험을 위한 준비입니다. 미리 숙지하여 실험에 도움이 되도록 합니다.

(1) 프로그램 실행을 위한 준비하기

- 마이크를 이용한 학습을 하기 위해서는 창의설계 키트 본체와 연결 케이블을 준비합니다.

(2) 스크래치 명령 알아두기

클릭했을	녹색 깃발을 누르면 프로그램 시작
1 초 기다리기	원하는 시간만큼 기다리기

10 번 반복하기	블록 안의 숫자만큼 반복하기
4 번을 input 모드로 설정	원하는 핀의 입출력 설정
디지털 13 번으로 high 쓰기	원하는 핀에 디지털 값 쓰기
아날로그 7 번의 값 읽기	선택한 아날로그 핀의 값을 읽기

4) 학습하기

(1) 1단계: 소리가 나면 회피하기

> 소리가 나면 왼쪽으로 피해게 할 거야.
> 우선 센서값을 확인할 수 있도록 도와줘.

① 스크래치를 실행합니다. 컴퓨터 바탕화면에 있는 소프트웨어 'Scratch 2'를 실행합니다.

② 34페이지의 '창의설계 블록 추가하기'를 통해서 창의설계 키트 제어용 추가 블럭을 설치합니다.

③ 마이크를 동작시키기 위하여 스크래치 프로그램을 이용하여 명령을 입력하고 실행합니다. 그러면 명령에 따라 마이크로 소리를 감지할 수 있습니다.

④ 이번에 다루게 될 사운드 센서는 다음의 그림을 참조해 보면 사용자 버튼 오른쪽에 내장되어 있고, 아날로그 7번 핀에 연결되어 있습니다. 또는 DC모터는 다음의 그림을 참조하여 연결합니다.

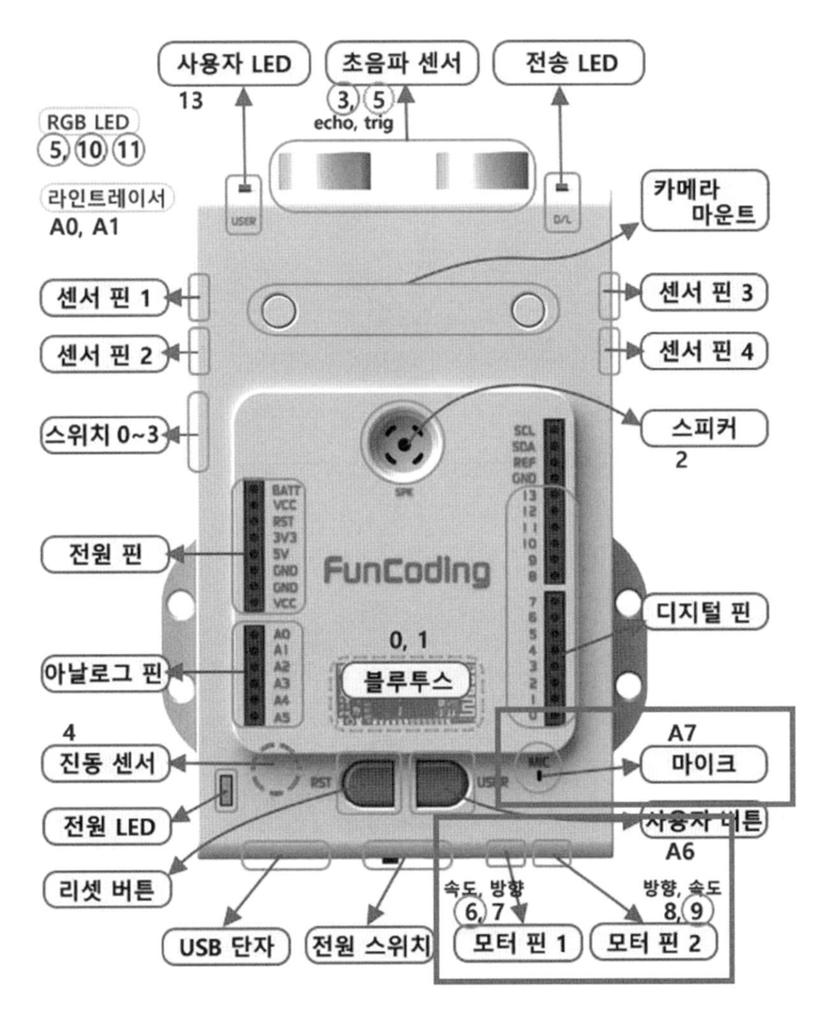
사용자 LED
13
초음파 센서
3, 5
echo, trig
전송 LED
RGB LED
5, 10 11
라인트레이서
A0, A1
카메라 마운트
센서 핀 1
센서 핀 2
센서 핀 3
센서 핀 4
스위치 0~3
스피커
2
전원 핀
FunCoding
디지털 핀
0, 1
블루투스
아날로그 핀
4
진동 센서
A7
마이크
전원 LED
사용자 버튼
A6
리셋 버튼
속도, 방향
6, 7
방향, 속도
8, 9
USB 단자
전원 스위치
모터 핀 1
모터 핀 2

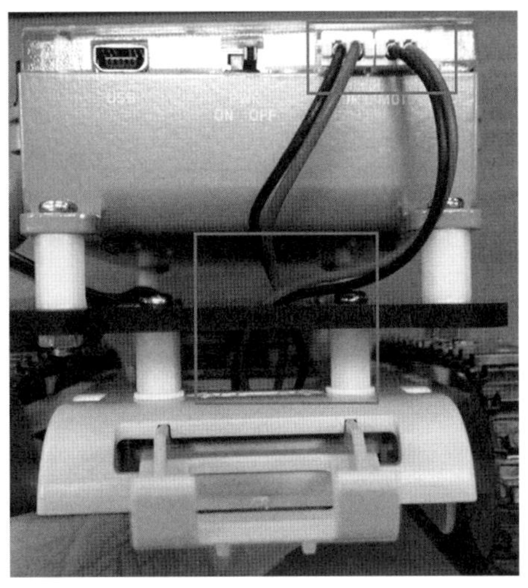

⑤ 이번 예제에서는 외부 소리를 감지해서 박수 소리가 났을 때 자동차를 왼쪽으로 회전하도록 해 보겠습니다. 절차는 다음과 같습니다.

- 입출력 설정
- 박수 소리 감지
- 자동차 왼쪽 회전

⑥ 먼저 입출력 설정입니다. 이번 실습에서 사용하는 장치는 박수 소리를 감지하기 위한 사운드 센서와 자동차를 왼쪽으로 회전하기 위한 2개의 DC모터입니다. 사운드 센서는 아날로그 센서로 입출력 설정은 해 줄 필요가 없으므로 2개의 DC모터에 해당하는 입출력 설정만 해 줍니다.

⑦ 그다음에는 박수 소리의 감지입니다. 박수 소리의 감지는 이전의 사운드 센서 예제에서와 같이 아날로그 값 읽기 블록을 이용합니다.

위의 블록을 참고하면 500 이상의 소리 크기가 입력되면 다음 동작을 하게끔 되어 있습니다. 사운드 센서가 평소에 주변 잡음을 대략 0 ~150 사이의 값을 계속 입력받기 때문에 넉넉하게 500 이상의 소리 크기를 입력 받았을 때 동작하도록 설정했습니다. 500이라는 숫자는 주관적인 것이기 때문에 사용자가 스스로 조절할 수 있습니다. 아주 큰소리를 입력받았을 때만 동작하려면 500보다 큰 값으로 설정하면 되고, 아닌 경우에는 더 작게 조절하면 됩니다.

⑧ 마지막으로는 자동차의 좌회전입니다. 앞 장에서 자동차의 4방향 제어에 대해 실습하였는데 그중에서 좌회전을 이용합니다.

- 50의 파워로 2초간 좌회전을 하고 1초간 정지하는 블록입니다.

⑨ 위의 3가지 블록들을 조합하여 완성해 봅시다.

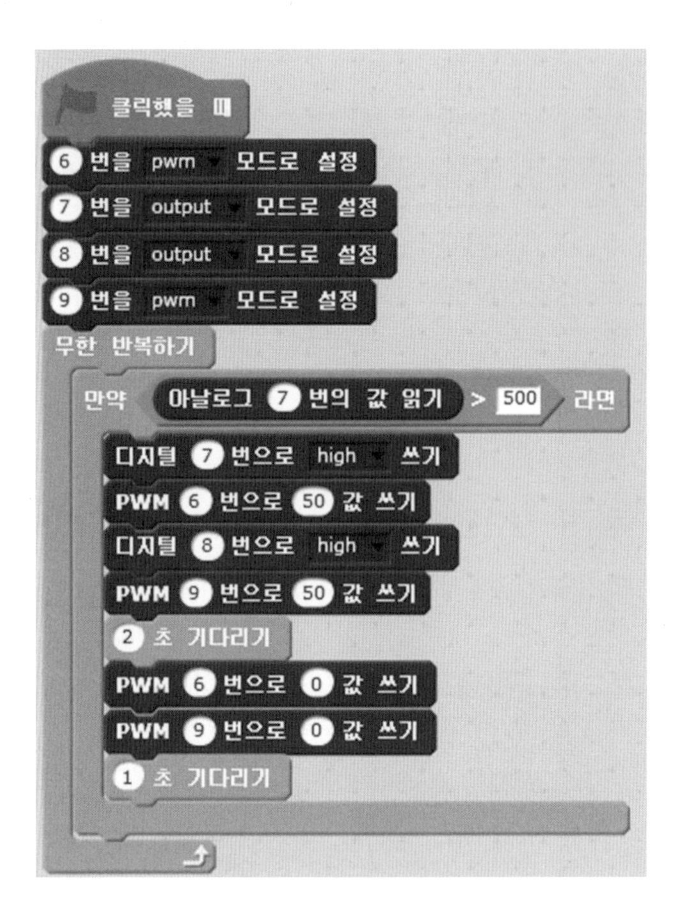

- 완성했다면 실행해서 동작을 확인해 봅시다.

(2) 2단계: 소리가 나면 임의의 방향으로 움직이기

> 이번에는 소리가 나면 임의의 방향으로 움직여 볼 거야.
> 임의의 방향으로 움직일 수 있게 도와줘.

① 2단계에서는 1단계를 응용하여 박수 소리를 감지할 때 임의의 방향으로 움직이도록 해 봅시다. 절차는 다음과 같습니다.

- 입출력 설정
- 박수 소리 감지
- 임의의 방향 결정
- 움직이기

② 1단계 예제와 같이 박수 소리를 감지하는 것은 동일합니다.

③ 그다음으로는 임의의 방향을 결정하는 것입니다. 임의의 방향을 어떻게 결정할까요? 먼저 '임의'의 말부터 해결해 봅시다.

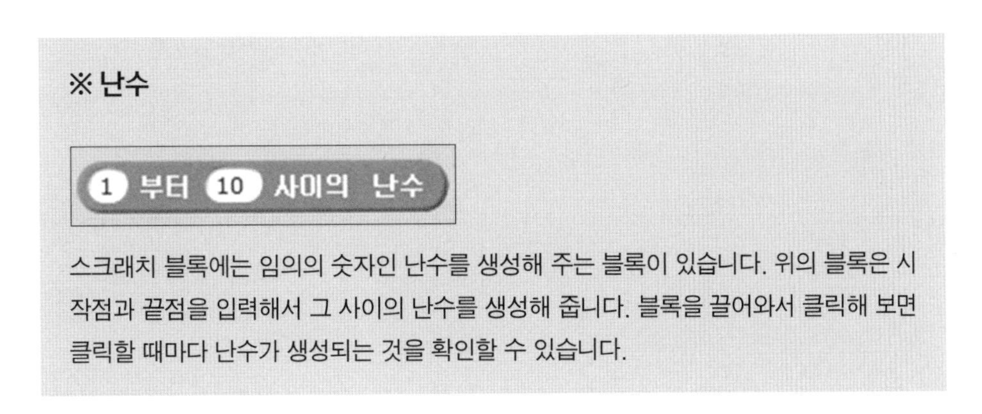

※ 난수

스크래치 블록에는 임의의 숫자인 난수를 생성해 주는 블록이 있습니다. 위의 블록은 시작점과 끝점을 입력해서 그 사이의 난수를 생성해 줍니다. 블록을 끌어와서 클릭해 보면 클릭할 때마다 난수가 생성되는 것을 확인할 수 있습니다.

④ 위에서 설명한 블록으로 임의의 숫자를 얻었습니다. 이것을 이용해서 어떻게 '임의의 방향'으로 움직일 수 있을까요?

- 예를 들어 난수가 1이 나오면 전진하고, 2가 나오면 후진, 3이 나오면 좌회전… 이런 식으로 난수 값에 따라 동작을 해주면 임의의 방향으로 움직일 수 있습니다.

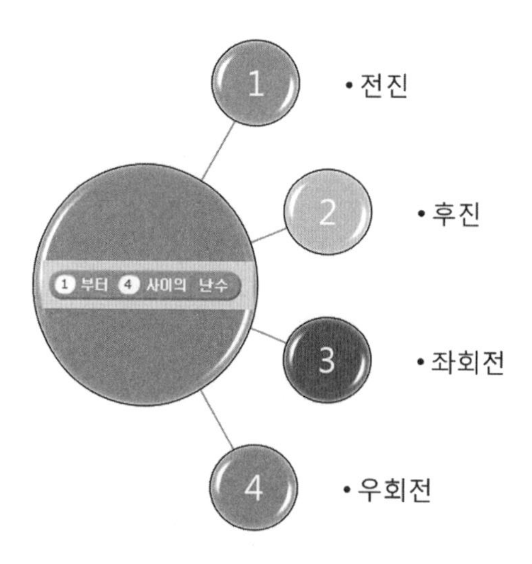

▪ 위의 그림에서 1~4 사이의 난수는 1, 2, 3, 4이고 각각의 숫자는 이동 방향을 나타냅니다. 이동 방향이 1이면 전진, 2이면 후진, 3은 좌회전, 4는 우회전을 나타냅니다. 이것을 블록으로 표현하면 다음과 같이 됩니다.

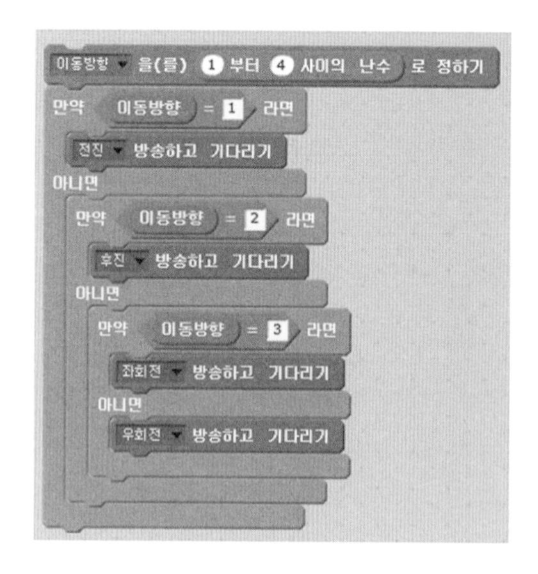


```
정지 을(를) 받았을 때
PWM 6 번으로 0 값 쓰기
PWM 9 번으로 0 값 쓰기

전진 을(를) 받았을 때
디지털 7 번으로 low 쓰기
PWM 6 번으로 30 값 쓰기
디지털 8 번으로 high 쓰기
PWM 9 번으로 30 값 쓰기

후진 을(를) 받았을 때
디지털 7 번으로 high 쓰기
PWM 6 번으로 30 값 쓰기
디지털 8 번으로 low 쓰기
PWM 9 번으로 30 값 쓰기

좌회전 을(를) 받았을 때
디지털 7 번으로 high 쓰기
PWM 6 번으로 30 값 쓰기
디지털 8 번으로 high 쓰기
PWM 9 번으로 30 값 쓰기

우회전 을(를) 받았을 때
디지털 7 번으로 low 쓰기
PWM 6 번으로 30 값 쓰기
디지털 8 번으로 low 쓰기
PWM 9 번으로 30 값 쓰기
```

▪ 여기에서는 만약 블록에서 이동 방향의 값을 계속 확인하므로 '이동 방향'이라는 이름의 변수를 만들어서 변수 안의 난수의 값을 저장합니다.

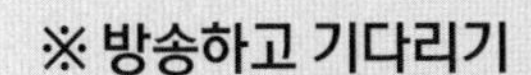

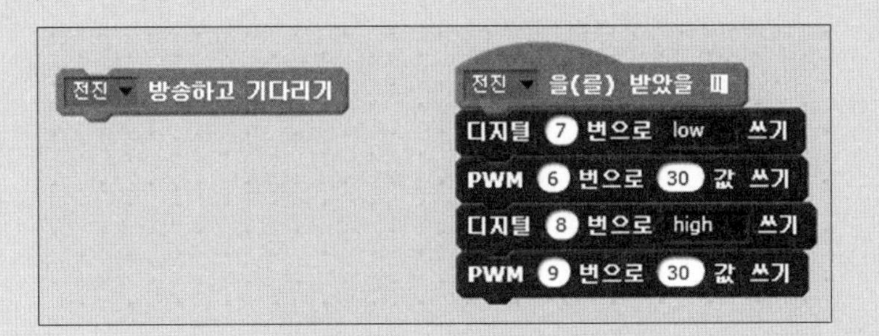

방송하고 기다리기 블록은 일반적으로 위의 그림처럼 세트로 동작합니다. 왼쪽의 방송하고 기다리기 블록을 누르면 오른쪽의 받았을 때의 블록이 실행됩니다.

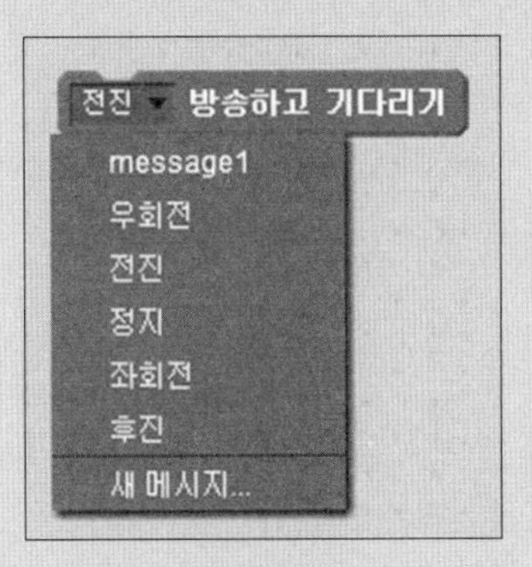

이와 같이 메시지를 선택하거나 추가해서 자신이 원하는 동작을 할 수 있습니다.
이처럼 블록을 나눠서 사용하는 이유는 프로그램의 가독성을 위해서입니다. 가독성이란 읽기 쉽거나 어려움을 말하는데, 이렇게 주요 블록들을 아래와 같이 만들면 프로그램의 전체 흐름을 이해하기가 더 어려워지기 때문에 프로그램이 길어지는 경우에는 방송하기 블록을 이용하여 분할해 줍니다.

이동방향 을(를) 1 부터 4 사이의 난수 로 정하기
만약 이동방향 = 1 라면
디지털 7 번으로 low 쓰기
PWM 6 번으로 30 값 쓰기
디지털 8 번으로 high 쓰기
PWM 9 번으로 30 값 쓰기
아니면
만약 이동방향 = 2 라면
디지털 7 번으로 high 쓰기
PWM 6 번으로 30 값 쓰기
디지털 8 번으로 low 쓰기
PWM 9 번으로 30 값 쓰기
아니면
만약 이동방향 = 3 라면
디지털 7 번으로 high 쓰기
PWM 6 번으로 30 값 쓰기
디지털 8 번으로 high 쓰기
PWM 9 번으로 30 값 쓰기
아니면
디지털 7 번으로 low 쓰기
PWM 6 번으로 30 값 쓰기
디지털 8 번으로 low 쓰기
PWM 9 번으로 30 값 쓰기
2 초 기다리기
PWM 6 번으로 0 값 쓰기
PWM 9 번으로 0 값 쓰기
1 초 기다리기

⑤ 이것들을 정리하면 다음과 같이 됩니다.

```
클릭했을 때
6 번을 pwm 모드로 설정
7 번을 output 모드로 설정
8 번을 output 모드로 설정
9 번을 pwm 모드로 설정
무한 반복하기
  만약 (아날로그 7 번의 값 읽기) > 100 라면
    이동방향 을(를) 1 부터 4 사이의 난수 로 정하기
    만약 이동방향 = 1 라면
      전진 방송하고 기다리기
    아니면
      만약 이동방향 = 2 라면
        후진 방송하고 기다리기
      아니면
        만약 이동방향 = 3 라면
          좌회전 방송하고 기다리기
        아니면
          우회전 방송하고 기다리기
    2 초 기다리기
    정지 방송하고 기다리기
    1 초 기다리기

정지 을(를) 받았을 때
PWM 6 번으로 0 값 쓰기
PWM 9 번으로 0 값 쓰기

전진 을(를) 받았을 때
디지털 7 번으로 low 쓰기
PWM 6 번으로 30 값 쓰기
디지털 8 번으로 high 쓰기
PWM 9 번으로 30 값 쓰기

후진 을(를) 받았을 때
디지털 7 번으로 high 쓰기
PWM 6 번으로 30 값 쓰기
디지털 8 번으로 low 쓰기
PWM 9 번으로 30 값 쓰기

좌회전 을(를) 받았을 때
디지털 7 번으로 high 쓰기
PWM 6 번으로 30 값 쓰기
디지털 8 번으로 high 쓰기
PWM 9 번으로 30 값 쓰기

우회전 을(를) 받았을 때
디지털 7 번으로 low 쓰기
PWM 6 번으로 30 값 쓰기
디지털 8 번으로 low 쓰기
PWM 9 번으로 30 값 쓰기
```

5) 생각과 나눔

(1) 생각하기

앞에서 배웠던 것을 이용하여 자유롭게 생각해 보고, 만든 것을 친구들과 서로 이야기해 봅시다.

(2) 이야기 나누기

- 이벤트 블록들의 다양한 활용 방법에 대해 알아봅시다.
- 난수 블록의 활용 방법에 대해 알아봅시다.

6) 배운 내용 정리하기

이번 장에서 우리는 마이크의 의미와 동작 원리를 배우고, 스크래치를 블록들을 이용하여 마이크를 제어하는 방법을 배웠습니다. 이를 통해서 스크래치를 이용하면 마이크의 값으로 다른 장치들을 제어하는 방법을 배웠습니다. 이번 장에서 배운 것을 정리하면 다음과 같습니다.

- 마이크는 주변의 소리를 기계가 알 수 있는 전기적인 신호로 바꿔 주는 장치입니다.
- 마이크는 아날로그 핀에 연결되어 있어 입출력 설정이 필요 없습니다.
- 난수 블록은 원하는 범위 안에서 임의의 숫자를 출력해 줍니다.
- 방송하고 기다리기 블록은 받았을 때 블록과 같이 이용하면 프로그램의 가독성이 좋아집니다.

12 물체와의 거리에 따라 조명 밝기를 조절하는 창작 체험

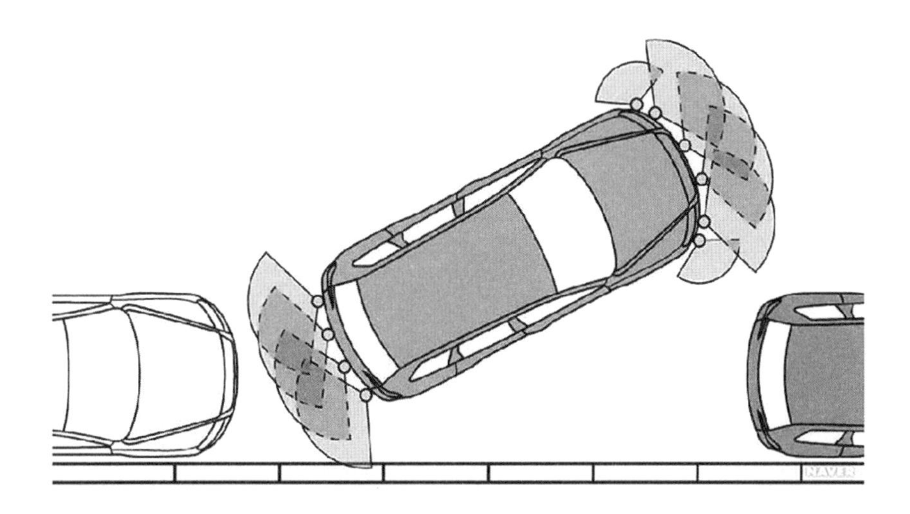

1) 초음파 센서 이야기

(1) 초음파 센서란?

초음파 센서란 사람의 귀에 들리지 않을 정도로 높은 소리인 초음파를 이용하여 거리나 두께, 움직임 등을 검출할 수 있는 센서를 말합니다. 의료기기, 자동차, 비행체, 세척기 등에 많이 사용되고 있습니다. 아래의 그림에 초음파 센서를 이용한 자동 주차 시스템에 관한 그림과 이번 학습에 사용되는 초음파 센서의 그림을 나타내었습니다.

- 초음파 센서는 초음파를 발생시키고 물체에 부딪혀 돌아오는 시간을 계산해서 거리나 두께 등을 측정합니다.

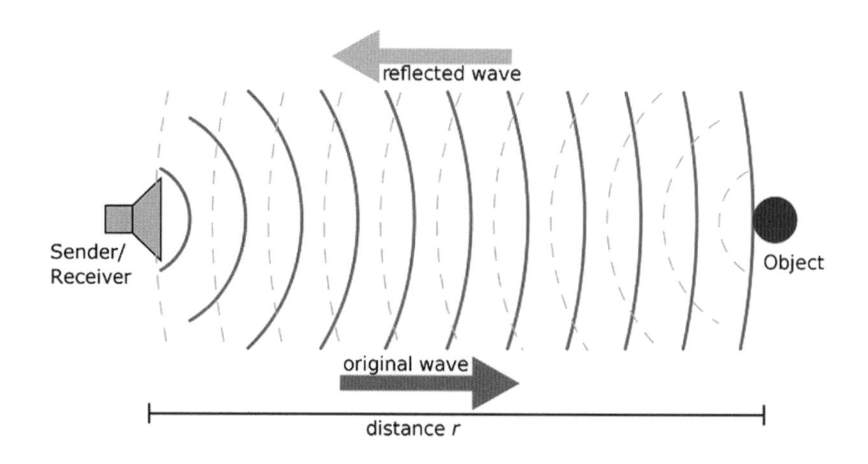

- 창의설계 코딩 실험으로 초음파 센서의 특성을 이해하고 제어를 해 보도록 합시다.

2) 무엇을 배울까요

(1) 학습 목표

- 초음파 센서의 기본 구조를 알고, 거리를 측정하는 방법을 배웁니다.
- 초음파 센서의 활용 방법을 배웁니다.

(2) 학습 내용

- 1단계: 초음파 센서를 이용하여 거리 측정하기
- 2단계: 거리에 따라 LED 밝기 조절하기

3) 실험 준비

실험을 위한 준비입니다. 미리 알아두어 실험에 도움이 되도록 합니다.

(1) 프로그램 실행을 위한 준비하기

- 초음파 센서를 이용한 학습을 하기 위해서는 아래와 같은 실험도구를 준비합니다.

(2) 스크래치 명령 알아두기

클릭했을 때	녹색 깃발을 누르면 프로그램 시작
1 초 기다리기	원하는 시간만큼 기다리기
10 번 반복하기	블록 안의 숫자만큼 반복하기
4 번을 input 모드로 설정	원하는 핀의 입출력 설정
디지털 13 번으로 high 쓰기	원하는 핀에 디지털 값 쓰기
PWM 11 번으로 0 값 쓰기	원하는 핀에 0~255 값 쓰기
초음파센서 사용함	초음파 센서를 사용으로 설정
초음파센서 사용안함	초음파 센서를 사용 불가로 설정
초음파센서(8) 측정 거리	초음파 센서로 거리 측정하기

4) 학습하기

(1) 1단계: 초음파 센서를 이용해서 거리 측정하기

초음파 센서로 물체와의 거리를 측정할 거예요. 우선 초음파 센서가 작동할 수 있도록 도와줘.

① 스크래치를 실행합니다. 컴퓨터 바탕화면에 있는 소프트웨어 'Scratch 2'를 실행합니다.

② 34페이지의 '창의설계 블록 추가하기'를 통해서 창의설계 키트 제어용 추가 블럭을 설치합니다.

③ 초음파 센서를 동작시키기 위하여 스크래치 프로그램을 이용하여 명령을 입력하고 실행합니다. 그러면 초음파 센서로 거리를 측정할 수 있게 됩니다.

④ 이번에 다루게 될 초음파 센서는 다음의 그림을 참조하면 키트 전방에 위치해 있으며 디지털 3번과 5번에 연결되어 있습니다.

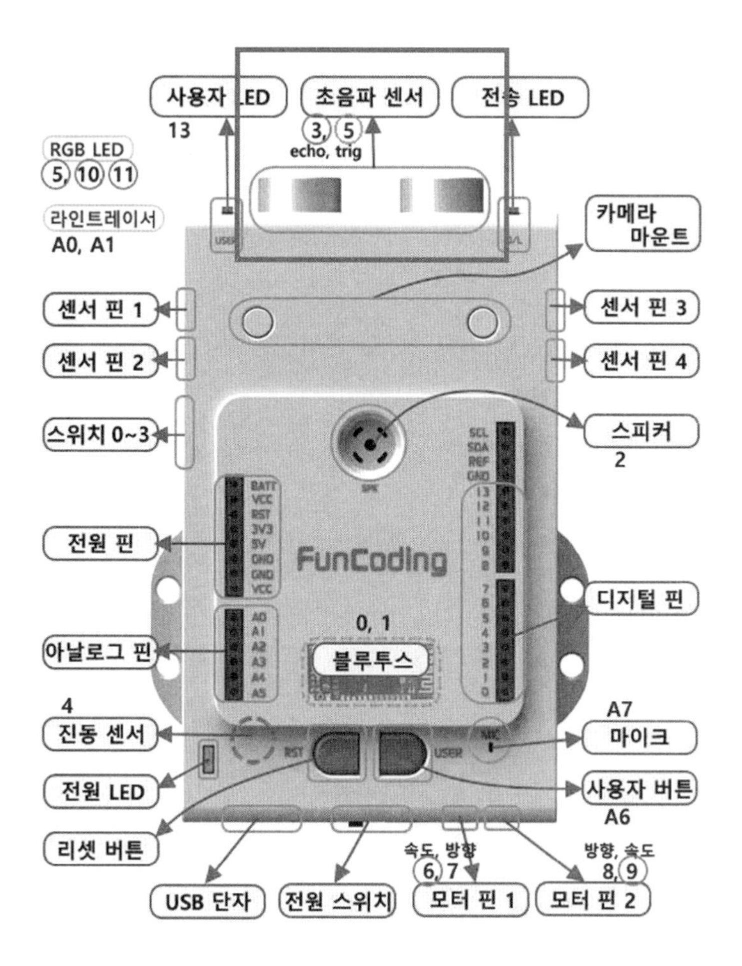

⑤ 초음파 센서는 송신부와 수신부로 나뉘어 음파가 물체에 부딪혀 오는 시간을 측정해서 거리를 계산합니다. 먼저 초음파 센서를 이용하여 거리를 측정해 봅니다. 절차는 다음과 같습니다.

- 입출력 설정
- 초음파 센서 설정
- 값 읽기

⑥ 초음파 센서의 입출력 설정은 다른 센서들과 약간 다릅니다. 초음파 센서의 경우에는 입력 장치인 초음파 수신부과 출력 장치인 초음파 송신부를 모두 갖고 있기 때문에 입출력 설정을 동시에 해야 합니다.

- 초음파 수신부는 3번에, 송신부는 5번에 연결되어 있습니다.

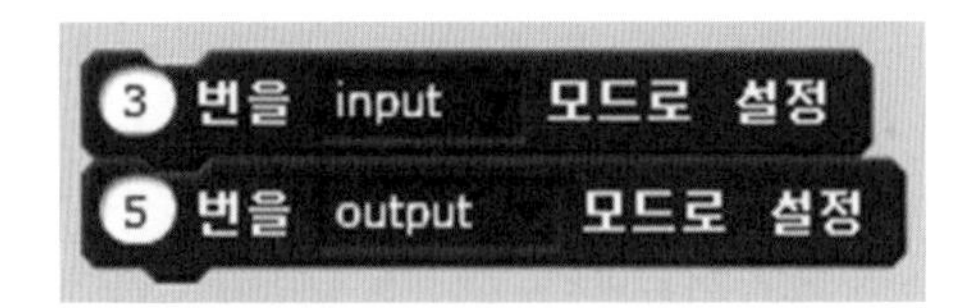

⑦ 그다음은 초음파 센서의 사용 여부를 선택합니다. 초음파 센서는 다른 센서들과 다르게 센서를 사용할 것인지 아닌지를 선택해야지만 동작합니다. 초음파 센서를 사용할 거라면 위의 블록을, 아니라면 아래의 블록을 사용합니다.

⑧ 초음파 센서의 사용 설정이 끝나면 센서의 값을 읽는 것만 남았습니다. 초음파 센서의 값을 읽는 블록은 다음과 같습니다. 여기에서 초음파 센서는 '8'로 설정해 주어야 합니다.

⑨ 지난번 센서값의 표시 방법인 '말하기'블록을 이용해서 표시합니다.

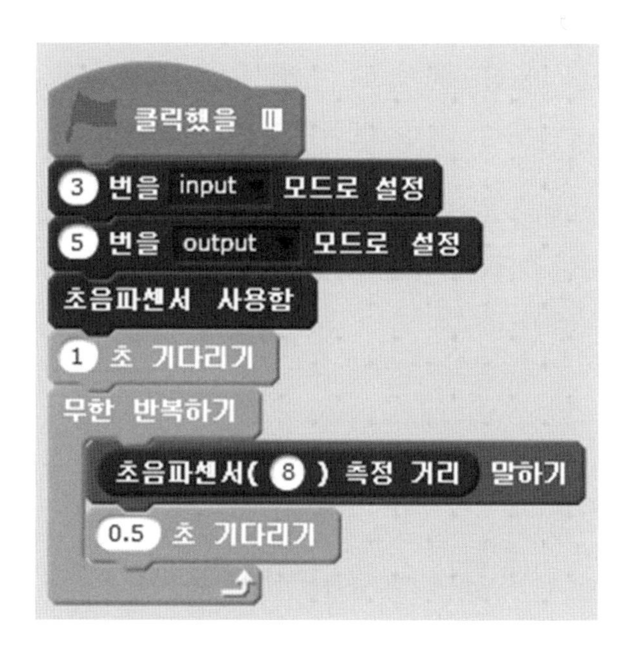

- 여기에서 초음파 센서를 사용하고 1초 기다리는 이유는 초음파 센서를 설정하는 동안 에러가 생기지 않도록 1초 시간 지연을 해주는 것입니다.
- 말하기 블록을 이용하여 초음파 센서로 측정된 거리를 확인해 봅시다.

(2) 2단계: 거리에 따라 LED 밝기 조절하기

> 이번에는 거리에 따라 LED의 밝기를 조절할 거야.
> 우선 거리에 따라 다른 동작을 할 수 있게 도와줘.

① 2단계에서는 1단계의 초음파 센서를 이용한 거리 측정을 응용하여 거리에 따라 LED의 밝기를 제어해 보겠습니다. 초음파 센서와 RGB LED를 사용하여 초음파 센서로 측정한 거리가 0이거나 50cm 초과이면 파란색 LED의 밝기를 0으로 하고, 아닌 경우에는 거리가 가까울수록 밝게 빛나도록 만들어 봅시다.

- 초음파 센서 설정
- RGB LED 설정
- 거리 측정하고 표시하기
- 거리에 따라 밝기 조절하기

② 먼저 초음파 센서 설정입니다. 초음파 센서를 사용하기 위해 입출력 설정과 사용하겠다는 블록을 가져옵니다.

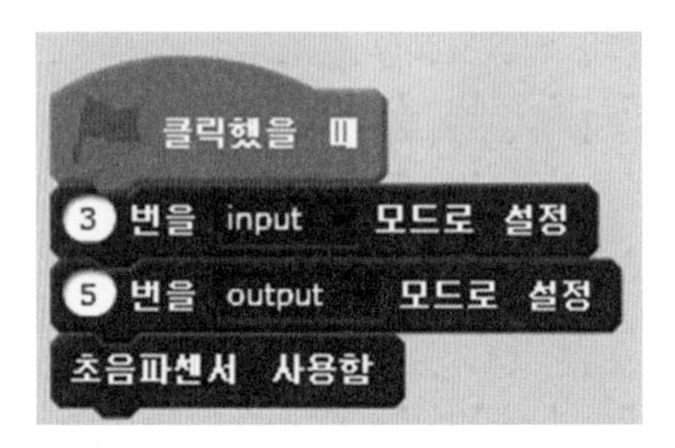

③ 그다음에는 RGB LED의 설정입니다. RGB LED 중에서 이번에는 파랑 LED만 사용합니다. 파랑 LED는 11번 핀에 연결되어 있으며 밝기 조절을 위해 PWM 모드로 설정합니다.

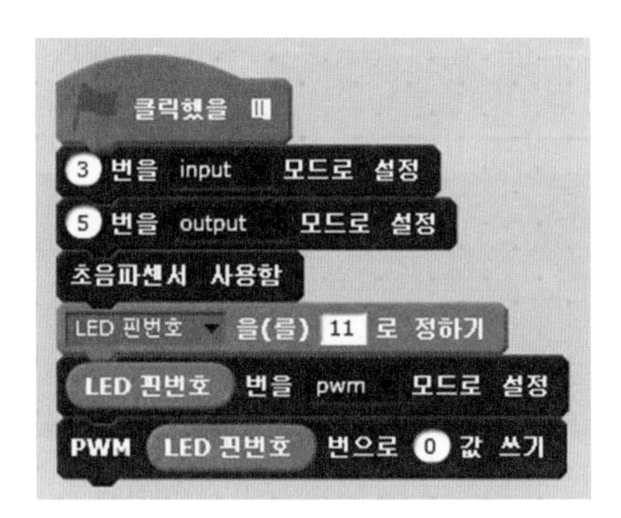

④ 여기까지 초음파 센서와 RGB LED를 사용하기 위한 사전 작업이 끝났습니다. 여기에 1단계에서 배웠던 거리 측정하는 블록을 추가합니다. 측정한 거리 값은 이후에 여러 번 사용하기 때문에 변수로 지정했습니다.

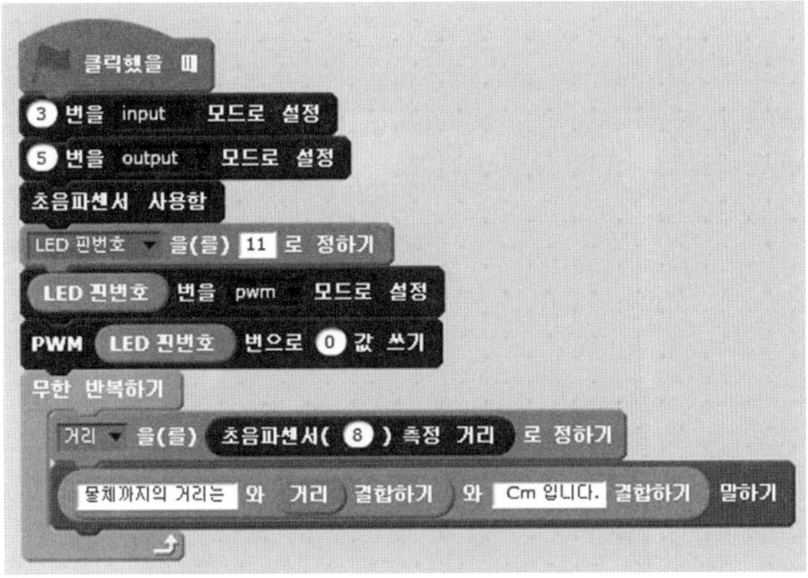

⑤ 위와 같이 블록을 꾸미면 초음파 센서를 이용하여 측정한 거리를 무대에 계속해서 표시할 수 있습니다. 여기에 거리에 따라 LED의 밝기를 바꿔 봅시다

- 먼저 거리가 0인 경우나 거리가 50cm 넘어가면 밝기를 0으로 해서 불을 끄고, 그 사이의 거리 값이 되면 LED의 최대 밝기인 255에서 거리*5를 뺀 값으로 밝기를 조절하여 거리 값이 작을수록 밝기가 밝아지도록 합니다.

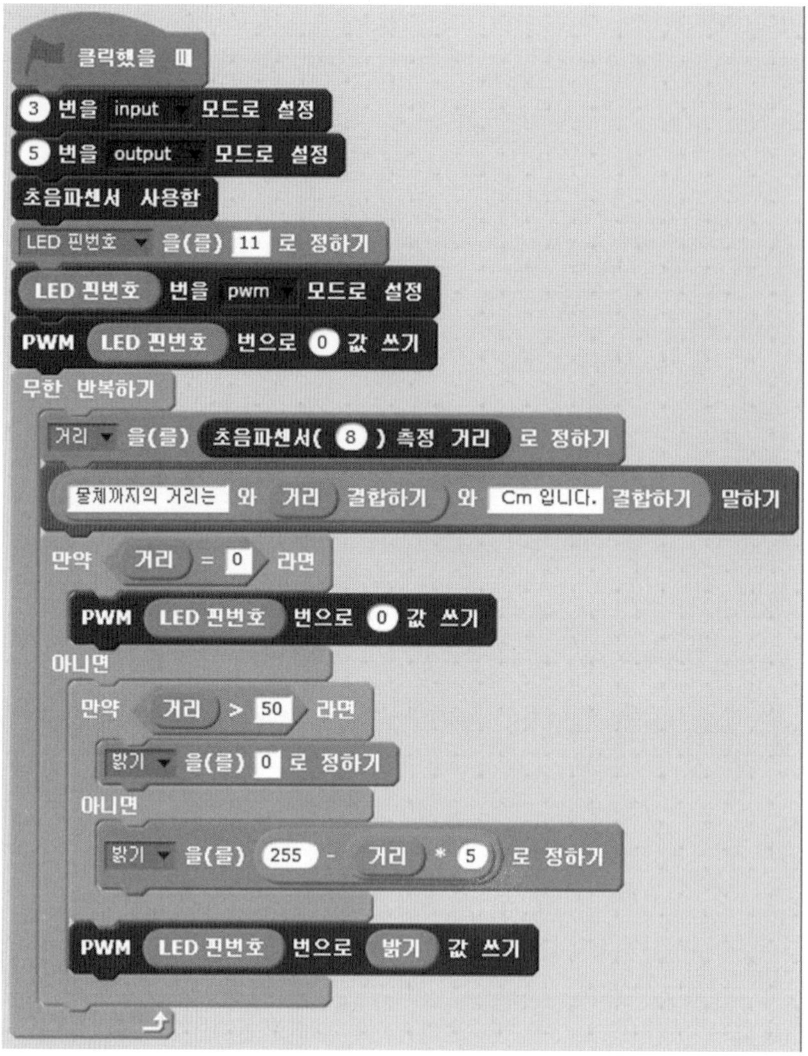

```
클릭했을 때
3 번을 input 모드로 설정
5 번을 output 모드로 설정
초음파센서 사용함
LED 핀번호 을(를) 11 로 정하기
LED 핀번호 번을 pwm 모드로 설정
PWM LED 핀번호 번으로 0 값 쓰기
무한 반복하기
    거리 을(를) 초음파센서( 8 ) 측정 거리 로 정하기
    물체까지의 거리는 와 거리 결합하기 와 Cm 입니다. 결합하기 말하기
    만약 거리 = 0 라면
        PWM LED 핀번호 번으로 0 값 쓰기
    아니면
        만약 거리 > 50 라면
            밝기 을(를) 0 로 정하기
        아니면
            밝기 을(를) 255 - 거리 * 5 로 정하기
        PWM LED 핀번호 번으로 밝기 값 쓰기
```

5) 생각과 나눔

(1) 생각하기

앞에서 배웠던 것을 이용하여 자유롭게 생각해 보고, 만든 것을 친구들과 서로 이야기해 봅시다.

(2) 이야기 나누기

- 2단계 예제를 수정해서 거리가 멀어질수록 LED를 밝게 키려면 어떻게 할까요?
- 초음파 센서를 어디에 활용할 수 있을지 생각해 봅시다.

6) 배운 내용 정리하기

이번 장에서 초음파 센서의 역할과 동작 원리를 배우고, 스크래치를 블록들을 이용하여 초음파 센서를 제어하는 방법을 배웠습니다. 이와 같이 스크래치를 통하여 물체와의 거리를 측정하고 거리에 따라서 LED의 밝기를 조절할 수 있었습니다. 이번 장에서 배운 것을 정리하면 다음과 같습니다.

- 초음파 센서는 물체와의 거리를 측정할 수 있습니다.
- 초음파 센서를 이용하여 거리를 측정하려면 '초음파 센서 사용' 블록으로 미리 설정을 해야 합니다.
- 'PWM' 블록을 이용하면 LED의 밝기를 조절할 수 있습니다.
- 연산 블록을 이용하면 수학적인 계산을 할 수 있습니다.

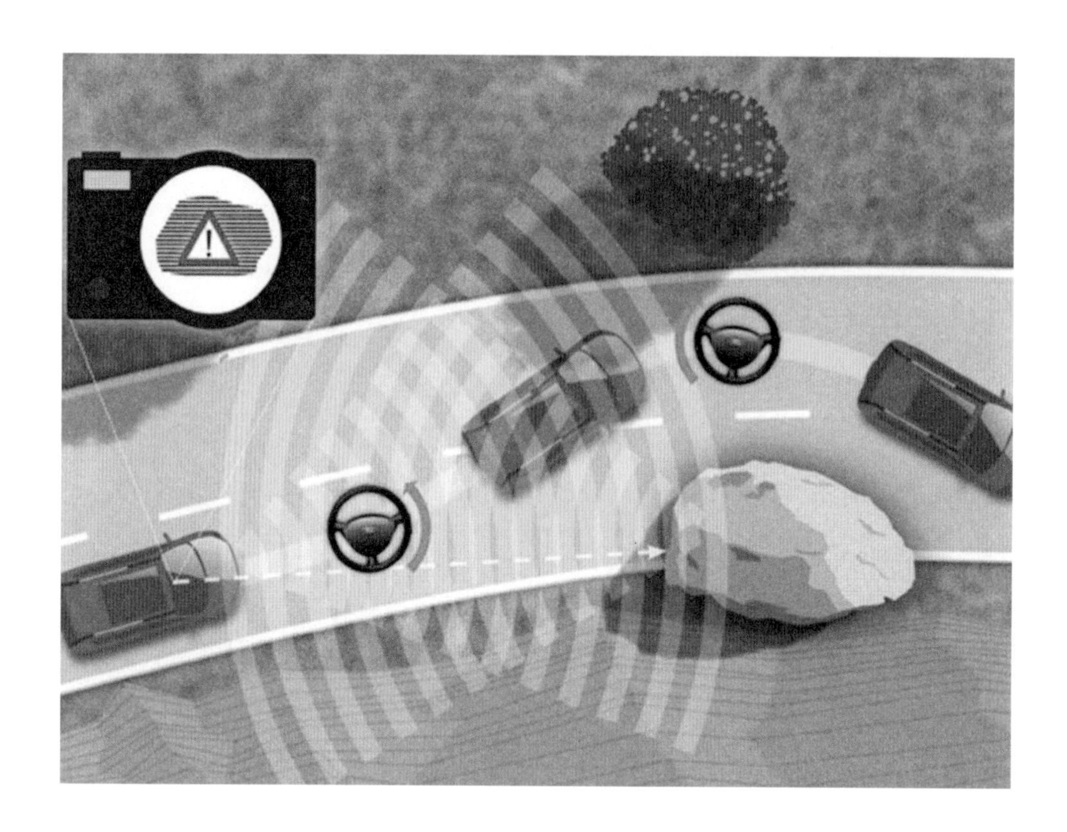

1) 초음파 센서 이야기

(1) 초음파 센서란?

초음파 센서란 사람의 귀에 들리지 않을 정도로 높은 소리인 초음파를 이용하여 거리나 두께, 움직임 등을 검출할 수 있는 센서를 말합니다. 의료기기, 자동차, 비행체, 세척기 등에 많이 사용되고 있습니다. 아래의 그림에 초음파 센서를 이용한 자동 주차 시스템에 관한 그림과 이번 학습에 사용되는 초음파 센서의 그림을 나타내었습니다.

- 초음파 센서는 초음파를 발생시키고 물체에 부딪혀 돌아오는 시간을 계산해서 거리나 두께 등을 측정합니다.

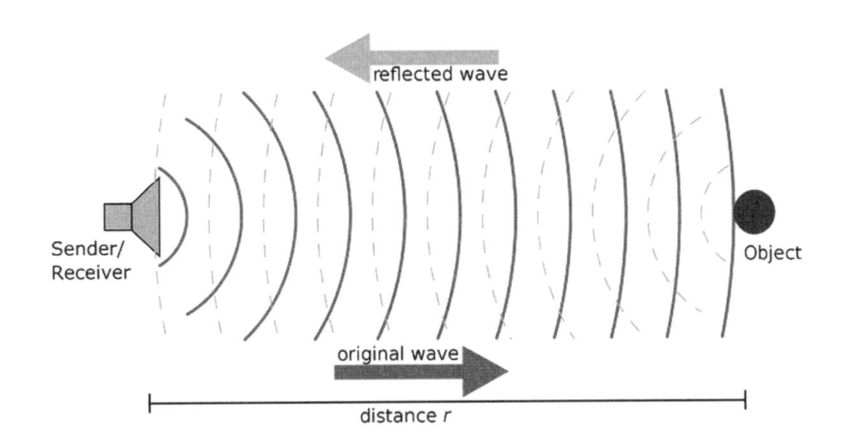

- 창의설계 코딩 실험으로 초음파 센서의 특성을 이해하고 제어를 해 보도록 합시다.

2) 무엇을 배울까요

(1) 학습 목표

- 초음파 센서의 기본 구조를 알고, 거리를 측정하는 방법을 배웁니다.
- 초음파 센서의 활용 방법을 배웁니다.

(2) 학습 내용

- 1단계: 초음파 센서를 이용하여 장애물 감지하기
- 2단계: 초음파 센서를 이용해서 장애물 회피하기

3) 실험 준비

실험을 위한 준비입니다. 미리 알아두어 실험에 도움이 되도록 합니다.

(1) 프로그램 실행을 위한 준비하기

- 초음파 센서를 이용한 학습을 하기 위해서는 창의설계 키트 본체와 연결 케이블을 준비합니다.

(2) 스크래치 명령 알아두기

블록	설명
클릭했을 때	녹색 깃발을 누르면 프로그램 시작
1 초 기다리기	원하는 시간만큼 기다리기
10 번 반복하기	블록 안의 숫자만큼 반복하기
4 번을 input 모드로 설정	원하는 핀의 입출력 설정
디지털 13 번으로 high 쓰기	원하는 핀에 디지털 값 쓰기
PWM 11 번으로 0 값 쓰기	원하는 핀에 0~255 값 쓰기
초음파센서 사용함	초음파 센서를 사용으로 설정
초음파센서 사용안함	초음파 센서를 사용 불가로 설정
초음파센서(8) 측정 거리	초음파 센서로 거리 측정하기

4) 학습하기

(1) 1단계: 초음파 센서를 이용해서 장애물 감지하기

초음파 센서로 장애물을 감지할 거예요. 우선 초음파 센서가 작동할 수 있도록 도와줘.

① 스크래치를 실행합니다. 컴퓨터 바탕화면에 있는 소프트웨어 'Scratch 2'를 실행합니다.

② 34페이지의 '창의설계 블록 추가하기'를 통해서 창의설계 키트 제어용 추가 블럭을 설치합니다.

③ 초음파 센서를 동작시키기 위하여 스크래치 프로그램을 이용하여 명령을 입력하고 실행합니다. 그러면 초음파 센서로 거리를 측정할 수 있게 됩니다.

④ 이번에 다루게 될 초음파 센서는 아래의 그림을 참조하면 키트 전방에 위치해 있으며 디지털 3번과 5번에 연결되어 있습니다.

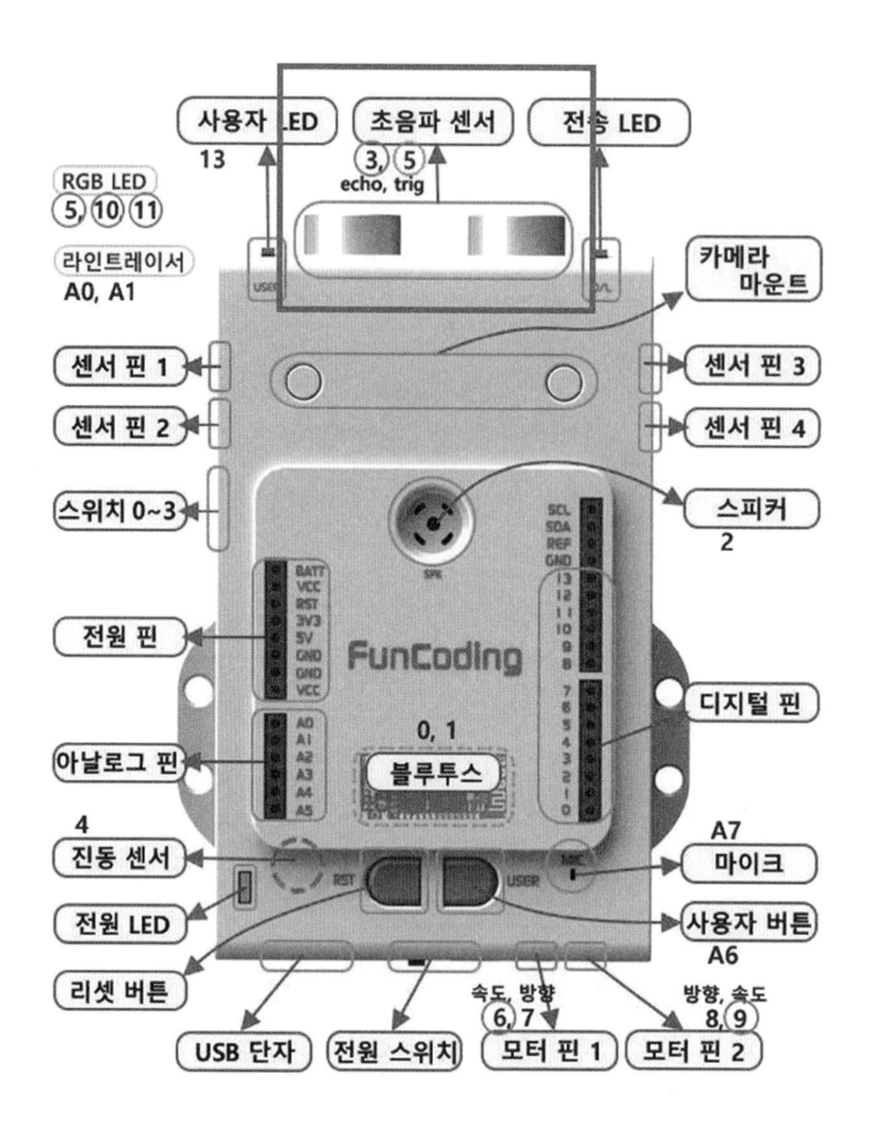

⑤ 이번 장에서는 앞 장에서 배웠던 초음파 센서를 이용하여 장애물을 감지하고 피해 가는 실습을 진행해 보겠습니다. 먼저 장애물을 감지하는 것부터 해 보겠습니다.

- 초음파 센서 설정
- 거리 측정
- 장애물 판단

⑥ 초음파 센서 설정과 거리 측정은 앞에서의 예제와 같습니다.

```
클릭했을 때
3 번을 input 모드로 설정
5 번을 output 모드로 설정
초음파센서 사용함
무한 반복하기
  거리 ▼ 을(를) 초음파센서( 8 ) 측정 거리 로 정하기
```

⑦ 그다음에는 장애물 판단입니다. 초음파 센서의 장애물 판단은 어떻게 할까요?

※ 장애물 판단

초음파 센서의 거리 측정 원리를 기억하시나요? 전방에 물체에 부딪혀 돌아오는 초음파를 계산해서 거리를 측정했었습니다. 거리 측정이 된다고 하는 것은 초음파 센서 앞에 무언가 장애물이 있다는 것을 의미합니다.
여기에서 사용자가 원하는 거리에 따라 전방의 물체를 장애물로 판단할 것인가입니다. 예를 들어 물체와의 거리가 20cm 이내일 때 장애물이라고 판단해도 되고, 아니면 10cm 이내일 때 장애물이라고 판단해도 됩니다.

⑧ 여기에서는 물체와의 거리가 10cm 이내이면 장애물이라고 가정하여 장애물이 있을 때와 없을 때를 구분해 봅니다. 거리가 10m 이내이면 '위험'이라는 문구를, 그 외에는 '안전'이라고 문구를 표시해 줍니다.

```
클릭했을 때
3 번을 input 모드로 설정
5 번을 output 모드로 설정
초음파센서 사용함
무한 반복하기
    거리 을(를) 초음파센서( 8 ) 측정 거리 로 정하기
    만약 거리 < 10 라면
        위험(회전후직진) = 와 거리 결합하기 말하기
    아니면
        안전(계속직진) = 와 거리 결합하기 말하기
    0.5 초 기다리기
```

(2) 2단계: 초음파 센서를 이용해서 장애물 회피하기

> 이번에는 장애물을 회피할 거야.
> 장애물을 감지하고 나서 회피할 수 있게 도와줘.

① 2단계에서는 1단계에서 실습했던 장애물 감지를 이용해서 장애물을 발견했을 때 피해가도록 프로그램을 만들어 봅시다.

② 여기에서는 장애물이 없을 때에는 계속 직진하다가 장애물을 발견하면 왼쪽으로 회전하고, 다시 장애물이 없어지면 직진하도록 만들어 봅시다. 절차는 다음과 같습니다.

- 초음파 센서 설정
- 모터 설정
- 거리 측정
- 장애물 판단
- 모터 제어

③ 먼저 초음파 센서와 모터 설정은 다음과 같습니다. 여기에서 모터는 이전에 배웠듯이 2개의 모터를 사용하도록 속도 제어와 회전 방향 제어를 위한 핀 설정을 해줍니다.

④ 그다음에는 거리를 측정하기 위한 블록들과 장애물 감지를 위한 블록들을 이어 붙입니다.

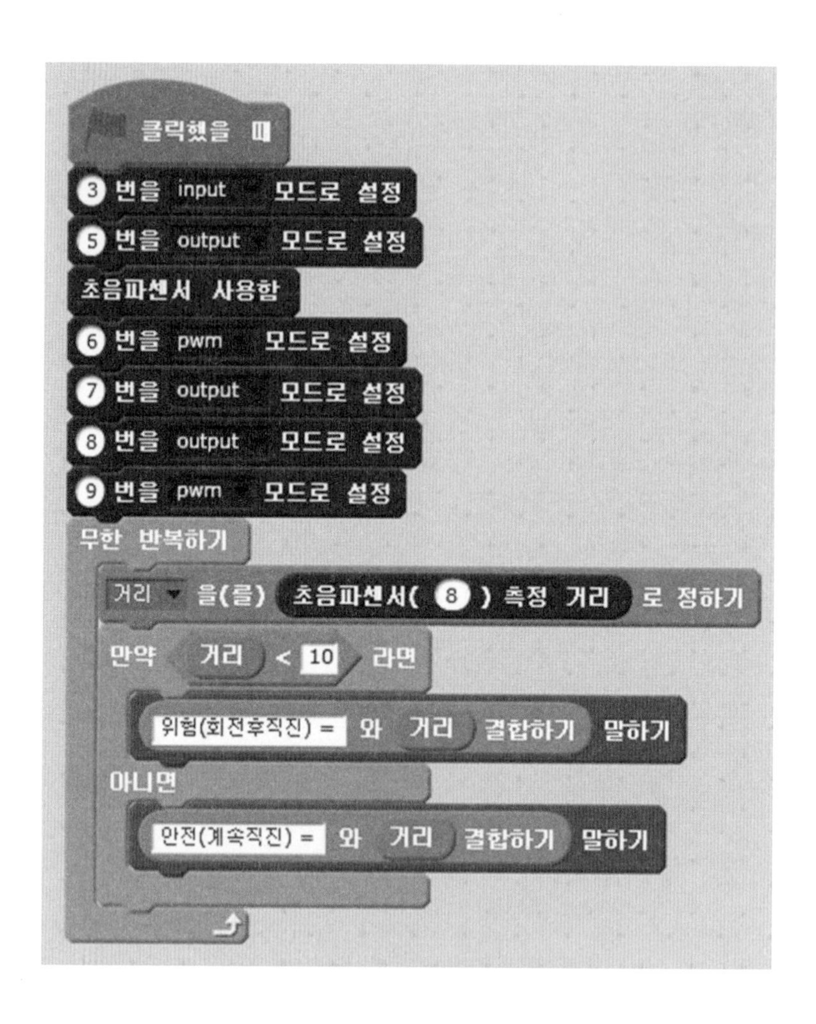

⑤ 마지막으로 장애물이 있을 때는 왼쪽으로 회전하고 장애물이 없을 때는 계속 직진하도록 합니다. 이때 왼쪽 대신에 오른쪽으로 회전하거나 속도를 조금 더 빠르게 하는 것은 사용자에게 맡기도록 합니다.

```
클릭했을 때
3 번을 input 모드로 설정
5 번을 output 모드로 설정
초음파센서 사용함
6 번을 pwm 모드로 설정
7 번을 output 모드로 설정
8 번을 output 모드로 설정
9 번을 pwm 모드로 설정
무한 반복하기
  거리 을(를) 초음파센서( 8 ) 측정 거리 로 정하기
  만약 거리 < 10 라면
    위험(회전후직진) = 와 거리 결합하기 말하기
    디지털 7 번으로 high 쓰기
    PWM 6 번으로 30 값 쓰기
    디지털 8 번으로 high 쓰기
    PWM 9 번으로 30 값 쓰기
    1 초 기다리기
  아니면
    안전(계속직진) = 와 거리 결합하기 말하기
    디지털 7 번으로 low 쓰기
    PWM 6 번으로 30 값 쓰기
    디지털 8 번으로 high 쓰기
    PWM 9 번으로 30 값 쓰기
    0.5 초 기다리기
```

```
이 스프라이트를 클릭했을 때
PWM 6 번으로 0 값 쓰기
PWM 9 번으로 0 값 쓰기
```

5) 생각과 나눔

(1) 생각하기

앞에서 배웠던 것을 이용하여 자유롭게 생각해 보고, 만든 것을 친구들과 서로 이야기해 봅시다.

(2) 이야기 나누기

- 장애물 회피 능력을 향상하려면 어떤 방법이 있을까요.
- 초음파 센서를 어디에 활용할 수 있을지 생각해 봅시다.

6) 배운 내용 정리하기

이번 장에서 초음파 센서의 역할과 동작 원리를 배우고, 스크래치를 블록들을 이용하여 초음파 센서를 제어하는 방법을 배웠습니다. 이와 같이 스크래치를 통하여 장애물을 감지하고 회피하는 방법에 대해 배웠습니다. 이번 장에서 배운 것을 정리하면 다음과 같습니다.

- 초음파 센서는 물체와의 거리를 측정할 수 있습니다.
- 초음파 센서를 이용하여 거리를 측정하려면 '초음파 센서 사용' 블록으로 미리 설정해야 합니다.
- '결합하기' 블록을 이용하면 센서값에 설명을 추가할 수 있습니다.
- 연산 블록을 이용하면 수학적인 계산을 할 수 있습니다.

14 적외선 센서를 이용하여 구역을 나누는 창작 체험

1) 적외선 센서 이야기

(1) 적외선 센서란?

흰색은 빛을 많이 반사하고, 검은색은 빛을 많이 흡수한다고 배웠을 거예요. 이번 장에서는 이런 원리를 적용한 적외선 센서에 대해 알아보고 다뤄볼 거예요. 적외선 센서란 가까운 거리의 흑백 또는 명암을 구분하는 센서에요. 적외선을 발사하여 반사되어 되돌아오는 양을 감지하여 밝기를 구분합니다.

또한, 이전에 배운 DC모터와 연동하여 다양하게 움직일 수 있도록 학습합니다.

- 적외선 센서의 적외선은 흰색에는 많이 반사되어 되돌아오고 검은색에는 흡수되어 거의 되돌아오지 않아요.
- 로봇은 두 개의 DC모터를 갖고 있어요.

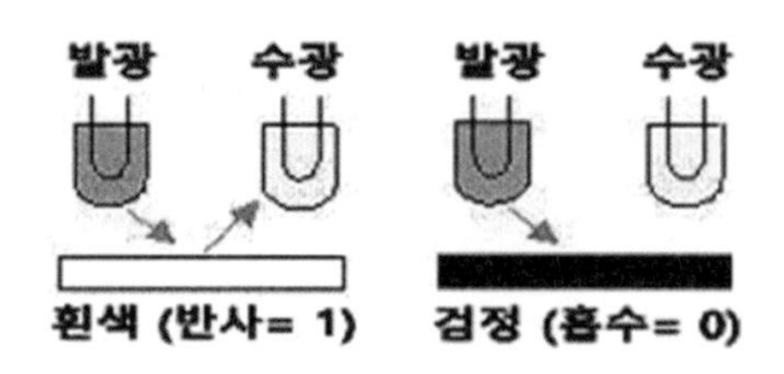

- 창의설계 코딩 실험으로 DC모터와 적외선 센서를 이용하여 로봇을 움직여 보면서 다양한 응용을 해 보도록 해요.

2) 무엇을 배울까요

(1) 학습 목표

- 적외선 센서를 이용하여 검은색인지 알아냅니다.
- 로봇을 검은 선으로 지정한 구역 안에서만 움직이도록 만드는 방법을 배웁니다.

(2) 학습 내용

- 1단계: 적외선 센서의 값 읽기
- 2단계: 바닥의 색상 구별하기

3) 실험 준비

실험을 위한 준비입니다. 미리 알아두어 실험에 도움이 되도록 합니다.

(1) 프로그램 실행을 위한 준비하기

- DC모터와 적외선 센서를 이용한 학습을 하기 위해서는 창의설계 키트 본체와 연결 케이블, 그리고 자동차 혹은 탱크 장치를 준비합니다.

(2) 스크래치 명령 알아두기

블록	설명
클릭했을 때	녹색 깃발을 누르면 프로그램 시작
1 초 기다리기	원하는 시간만큼 기다리기
10 번 반복하기	블록 안의 숫자만큼 반복하기
4 번을 input 모드로 설정	원하는 핀의 입출력 설정
디지털 13 번으로 high 쓰기	원하는 핀에 디지털 값 쓰기
아날로그 7 번의 값 읽기	원하는 핀의 아날로그 값 읽기
만약 라면 / 아니면	블록 조건의 참/거짓에 따라 다른 동작

4) 학습하기

(1) 1단계: 적외선 센서의 값 읽기

> 적외선 센서의 값을 읽어 볼 거예요.
> 우선 센서값을 측정할 수 있도록 도와줘

① 스크래치를 실행합니다. 컴퓨터 바탕화면에 있는 소프트웨어 'Scratch 2'를 실행합니다.

② 34페이지의 '창의설계 블록 추가하기'를 통해서 창의설계 키트 제어용 추가 블럭을 설치합니다.

③ 적외선 센서를 동작시키기 위하여 스크래치 프로그램을 이용하여 명령을 입력하고 실행합니다. 그러면 명령에 따라 적외선 센서로 흑백을 감지할 수 있습니다.

④ 이번에 다루게 될 적외선 센서는 아래의 그림을 참조하여 창의설계 키트에 직접 연결해서 사용합니다.

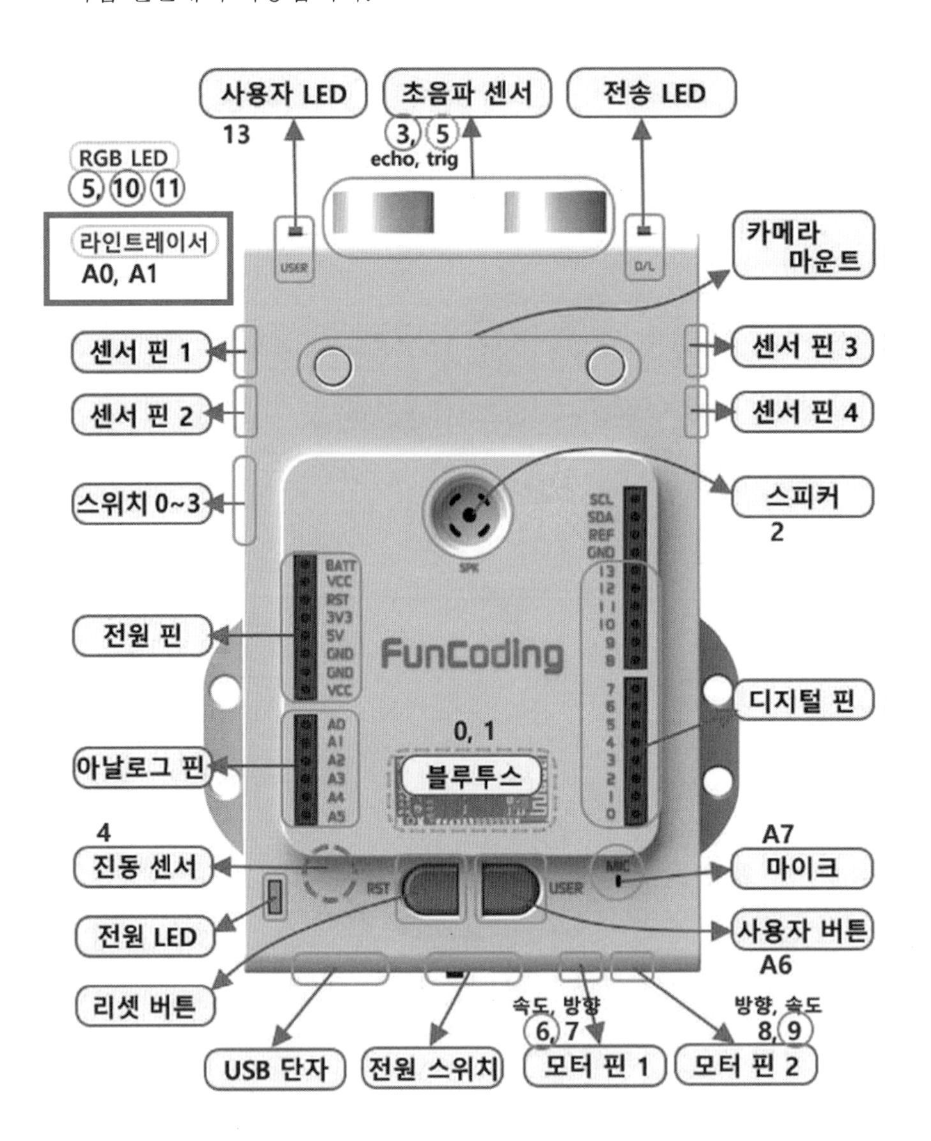

▪ 적외선 센서는 아래의 그림처럼 탱크 프레임에 연결되어 있습니다.

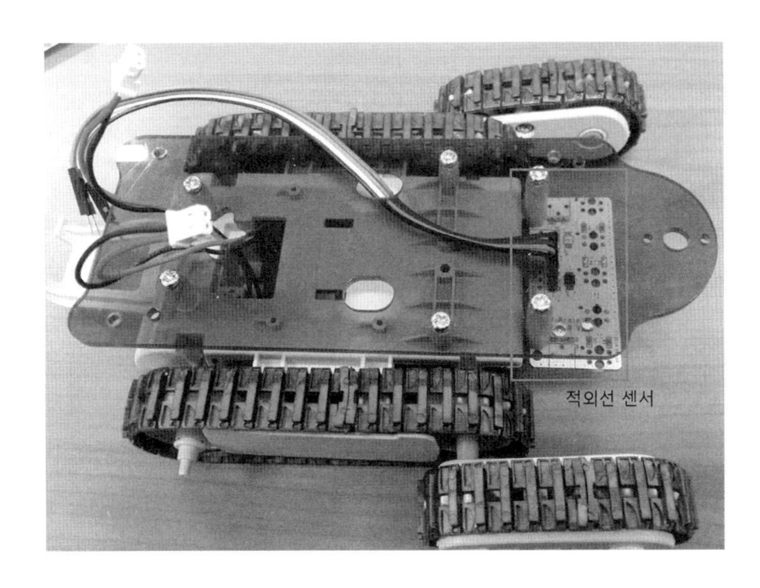

▪ 적외선 센서를 확대해서 보게 되면 창의설계 키트의 적외선 센서는 2개가 장착되어 있습니다.
▪ 또한, 위에서 봤을 때 오른쪽 적외선 센서가 IN1, 왼쪽 적외선 센서가 IN2입니다. 그리고 핀은 5V, IN1, IN2, GND 순으로 배치되어 있습니다(여기에 유의해 주시기 바랍니다. 잘못된 연결은 고장의 원인이 될 수 있습니다).

- 이와 같은 단계로 연결하면 다음과 같이 됩니다.

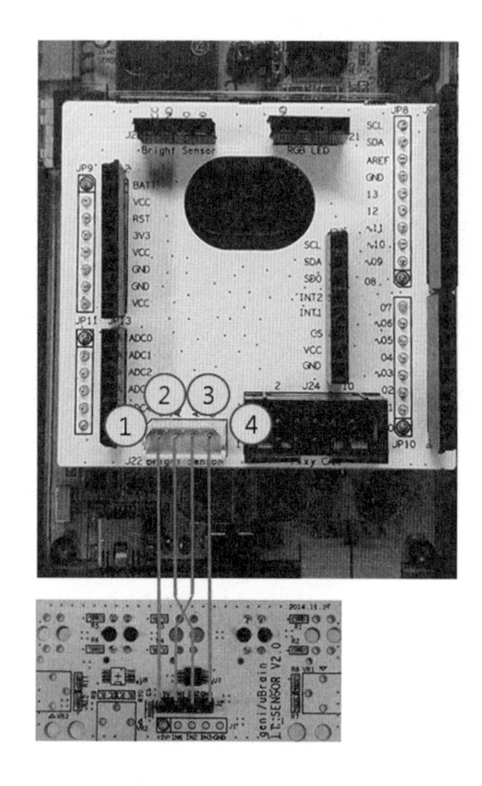

① VCC
② A1 IN2
③ A0 IN1
④ GND

⑤ 적외선 센서의 연결이 모두 끝났다면 이제 적외선 센서의 값을 읽어 봅니다.

- 창의설계 키트의 적외선 센서는 총 2개가 존재하며 왼쪽 적외선 센서는 아날로그 1번, 오른쪽 적외선 센서는 아날로그 0번에 연결되어 있습니다.
- 앞에서와 마찬가지로 아날로그 값을 읽을 때는 입출력 설정은 안 해도 됩니다.

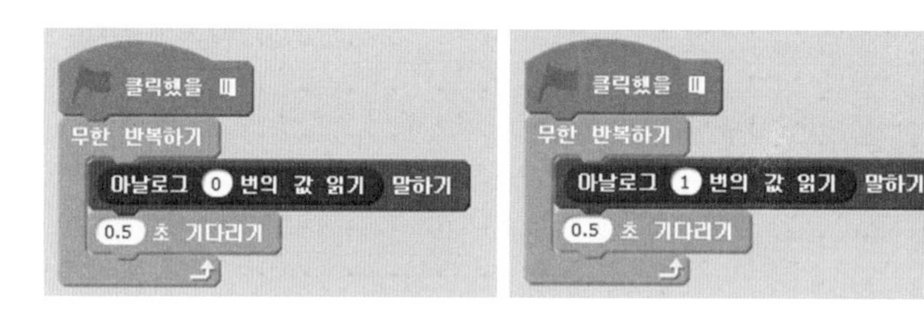

⑥ 적외선 센서의 경우에는 앞에서의 설명과 같이 적외선은 검은색에는 흡수가 되고, 흰색에는 반사가 됩니다. 확인을 위해서 미리 흰 종이와 검은 종이를 준비합니다.

- 각각의 적외선 센서 아래에 흰 종이를 가져다 대고 값을 읽으면 약 700 정도의 값이 나오고, 검은 종이를 가져다 대고 값을 읽으면 약 30 정도의 값이 나오는 것을 확인할 수 있습니다.
- 이것은 적외선이 검은 종이에는 흡수되어 적외선 수광부로 적외선이 반사되지 않기 때문에 센서값이 작게 나오고, 흰 종이에는 적외선이 반사되어 수광부로 적외선 값이 많이 들어가기 때문에 센서값이 크게 나오는 것입니다.

(2) 2단계: 바닥의 색상 구별하기

> 이번에는 바닥의 색상을 구별할 거야.
> 검은색인지 아닌지 구별할 수 있게 도와줘.

① 1단계에서 우리는 흰 종이와 검은 종이를 이용해서 적외선 센서의 특성을 알아 보았습니다.

② 2단계에서는 두 적외선 센서의 값을 한 번에 읽어서 바닥이 흰색인지 검은색인지 확인해서 무대에 표시해 보겠습니다.

- 첫 번째 적외선 센서값 확인하기
- 두 번째 적외선 센서값 확인하기
- 바닥의 상태 표시하기

③ 각 각의 적외선 센서의 값을 확인하는 것은 아날로그 값 읽기 블록을 이용했었습니다.

④ 1단계의 예제에서 적외선 센서는 흰색에는 700 정도의 값을, 검은색에는 30 정도의 값을 받았습니다. 그렇기 때문에 여기에서는 흰색과 검은색을 나누는 기준을 100으로 가정합니다.

- 적외선 센서가 총 2개이므로 이번 실험에서 나올 수 있는 결과의 경우의 수는 4개 입니다.

적외선 센서 1의 센서값(x)	적외선 센서 2의 센서값(y)
x 〉 100	y 〉 100
x 〉 100	y 〈 100
x 〈 100	y 〉 100
x 〈 100	y 〈 100

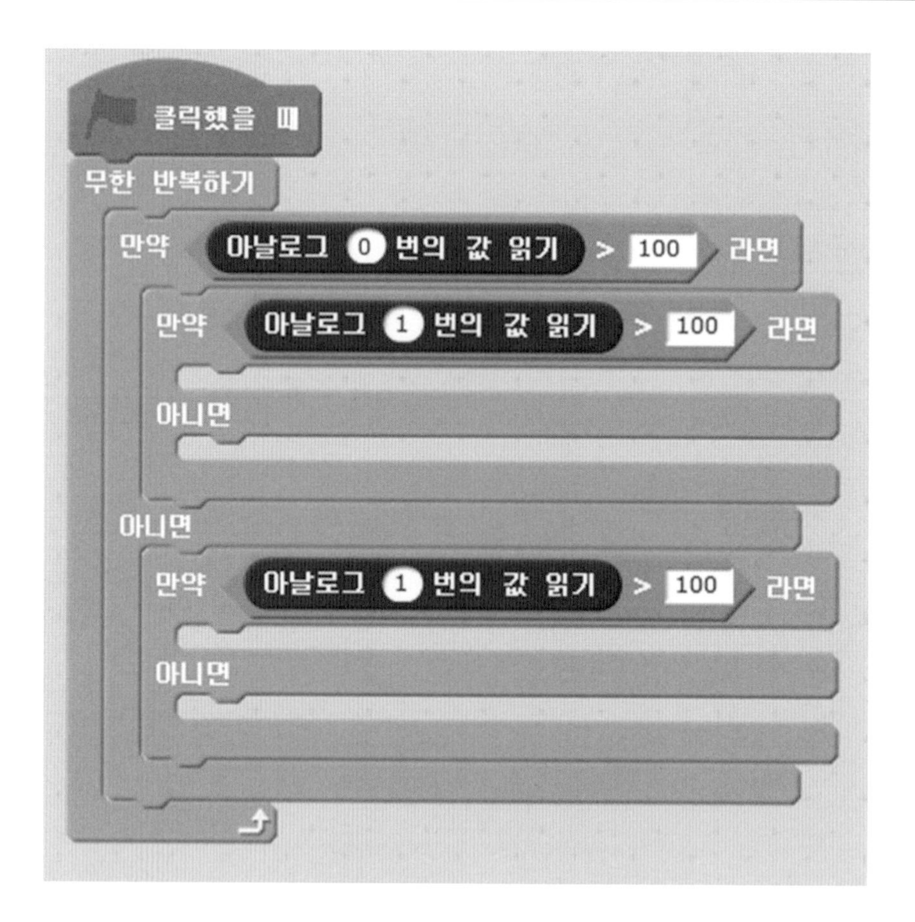

⑤ 여기에서 센서의 값이 100을 넘으면 흰색이고 아닌 경우에는 검은색이라고 표시해 줍니다.

```
클릭했을 때
무한 반복하기
  만약 아날로그 0 번의 값 읽기 > 100 라면
    만약 아날로그 1 번의 값 읽기 > 100 라면
      흰색 + 흰색 말하기
    아니면
      검은색 + 흰색 말하기
  아니면
    만약 아날로그 1 번의 값 읽기 > 100 라면
      흰색 + 검은색 말하기
    아니면
      검은색 + 검은색 말하기
```

5) 생각과 나눔

(1) 생각하기

앞에서 배웠던 것을 이용하여 자유롭게 생각해 보고, 만든 것을 친구들과 서로 이야기해 봅시다.

(2) 이야기 나누기

- 적외선 센서를 이용해서 검은 선을 따라가려면 어떻게 해야 할까요?
- 이번 장에서 배운 내용을 실생활에 어떻게 사용할 수 있을지 생각해 봅시다.

6) 배운 내용 정리하기

이번 장에서 우리는 적외선 센서의 원리와 동작 방법에 대해 배웠어요. 이를 통해서 적외선 센서로 값을 읽고 그에 따라 바닥의 상태를 확인할 수 있었습니다. 앞으로도 이와 같은 응용을 통해서 좀 더 다양한 방법으로 움직여 봅시다. 이번 장에서 배운 것을 정리하면 다음과 같습니다.

- 적외선 센서의 적외선은 검은색을 만나면 반사를 못 합니다.
- 적외선 센서도 아날로그 센서이기 때문에 기준점을 이용합니다.
- 적외선 센서를 이용하면 흑백을 구분할 수 있습니다.
- 다양한 센서를 이용하여 로봇을 움직일 수 있습니다.

15 길 따라 움직이는 자동차 창작 체험

1) 라인트레이서 이야기

(1) 라인트레이서란?

우리는 지난 장에서 적외선 센서에 대해 알아보고 흑백을 구분하는 방법을 배웠습니다. 이것을 이용하면 라인트레이서라는 것을 만들 수 있습니다. 라인트레이서는 검정 또는 흰색의 라인을 따라서 움직이는 자동차를 말합니다.

이번 장에서는 앞 장에서 배운 것을 응용하여 길을 따라 움직이는 자동차를 만들어 볼 것입니다.

- 적외선 센서로 흑백을 구분할 수 있습니다.
- 자동차는 두 개의 DC모터와 두 개의 적외선 센서를 갖고 있습니다.

- 창의설계 코딩 실험으로 DC모터와 적외선 센서를 이용하여 자동차를 움직여 보면서 다양한 응용을 해 보도록 합시다.

2) 무엇을 배울까요

(1) 학습 목표

- 적외선 센서를 이용하여 검은 선을 감지해 봅니다.
- 두 개의 적외선 센서를 이용해서 검은 선을 따라가도록 하는 방법을 배웁니다.

(2) 학습 내용

- 1단계: 진행 방향 결정하기
- 2단계: 구역 안에서만 움직이기

3) 실험 준비

실험을 위한 준비입니다. 미리 알아두어 실험에 도움이 되도록 합니다.

(1) 프로그램 실행을 위한 준비하기

- DC모터와 적외선 센서를 이용한 학습을 하기 위해서는 창의설계 키트 본체와 연결 케이블, 그리고 자동차 혹은 탱크 장치를 준비합니다.

(2) 스크래치 명령 알아두기

클릭했을 때	녹색 깃발을 누르면 프로그램 시작
1 초 기다리기	원하는 시간만큼 기다리기
10 번 반복하기	블록 안의 숫자만큼 반복하기
4 번을 input 모드로 설정	원하는 핀의 입출력 설정
디지털 13 번으로 high 쓰기	원하는 핀에 디지털 값 쓰기
아날로그 7 번의 값 읽기	원하는 핀의 아날로그 값 읽기
만약 라면 / 아니면	블록 조건의 참/거짓에 따라 다른 동작

4) 학습하기

(1) 1단계: 진행 방향 결정하기

이번에는 구역 안에서만 움직여 볼 거야.
우선 진행 방향을 결정할 수 있도록 도와줘.

① 스크래치를 실행합니다. 컴퓨터 바탕화면에 있는 소프트웨어 'Scratch 2'를 실행합니다.

② 34페이지의 '창의설계 블록 추가하기'를 통해서 창의설계 키트 제어용 추가 블럭을 설치합니다.

③ 적외선 센서를 동작시키기 위하여 스크래치 프로그램을 이용해 명령을 입력하고 실행합니다. 그러면 명령에 따라 적외선 센서로 흑백을 감지할 수 있습니다.

④ 이번에 다루게 될 적외선 센서는 아래의 그림을 참조하여 창의설계 키트에 직접 연결해서 사용합니다.

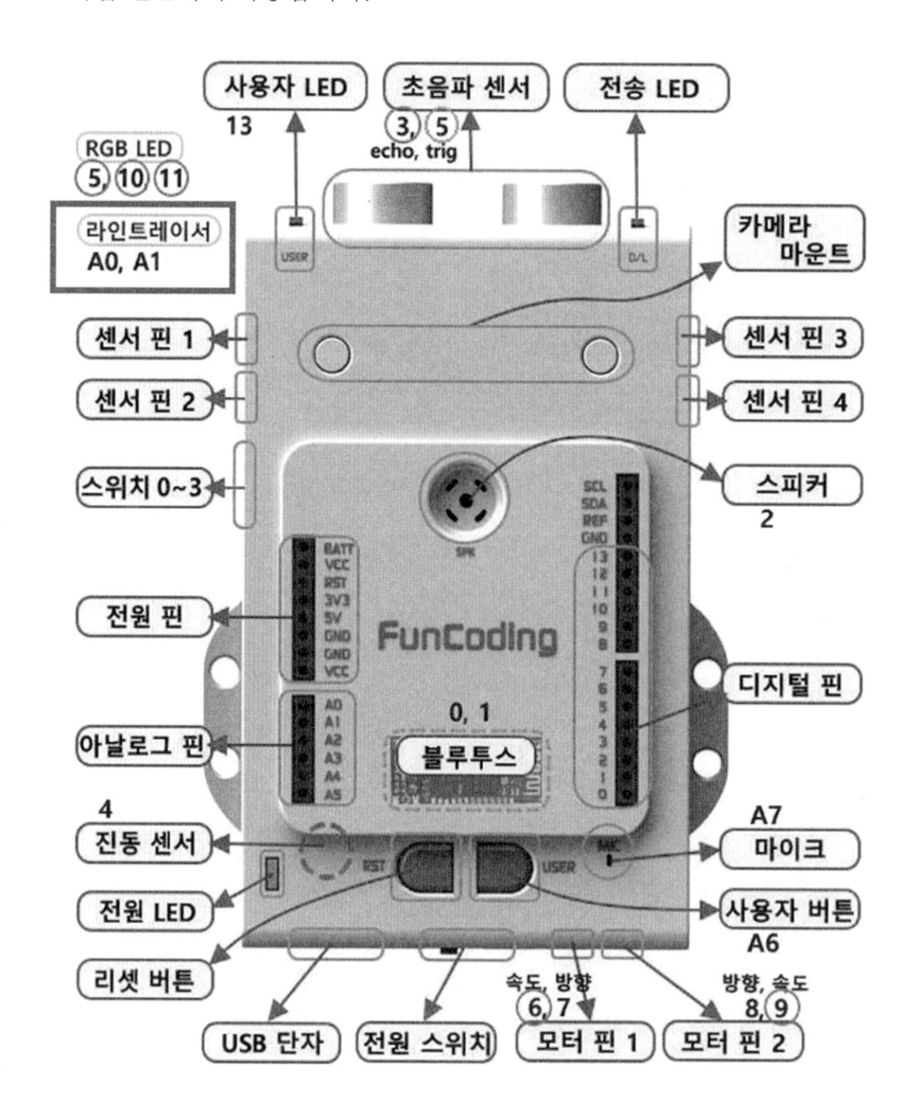

- 적외선 센서는 아래의 그림처럼 탱크 프레임에 연결되어 있습니다.

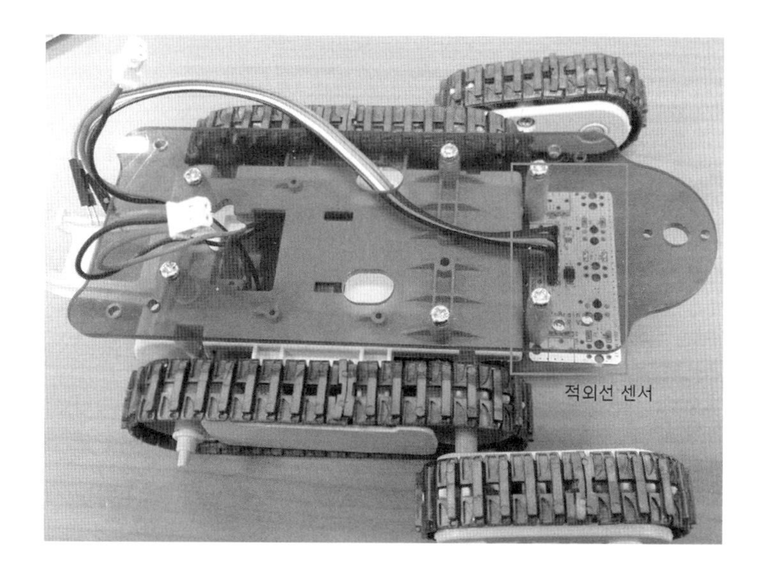

- 적외선 센서를 확대해서 보게 되면 창의설계 키트의 적외선 센서는 2개가 장착되어 있습니다.
- 또한, 위에서 봤을 때 오른쪽 적외선 센서가 IN1, 왼쪽 적외선 센서가 IN2입니다. 그리고 핀은 5V, IN1, IN2, GND 순으로 배치되어 있습니다(여기에 유의해 주시기 바랍니다. 잘못된 연결은 고장의 원인이 될 수 있습니다).

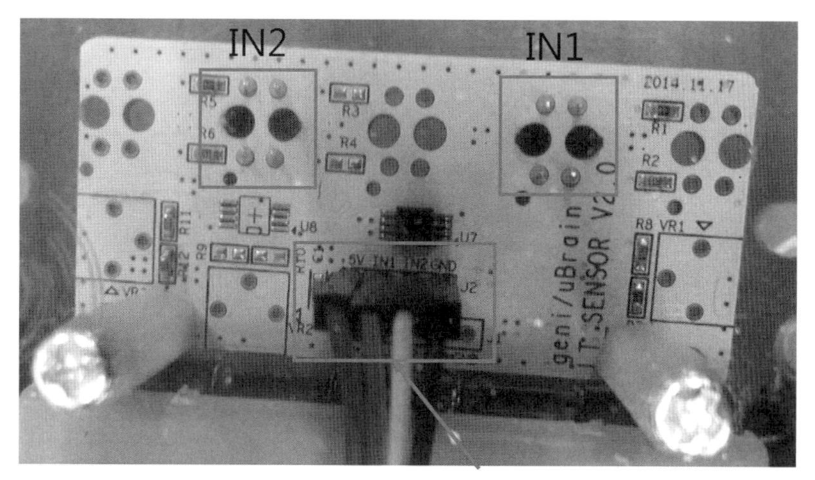

▪ 이와 같은 단계로 연결하면 다음과 같이 됩니다.

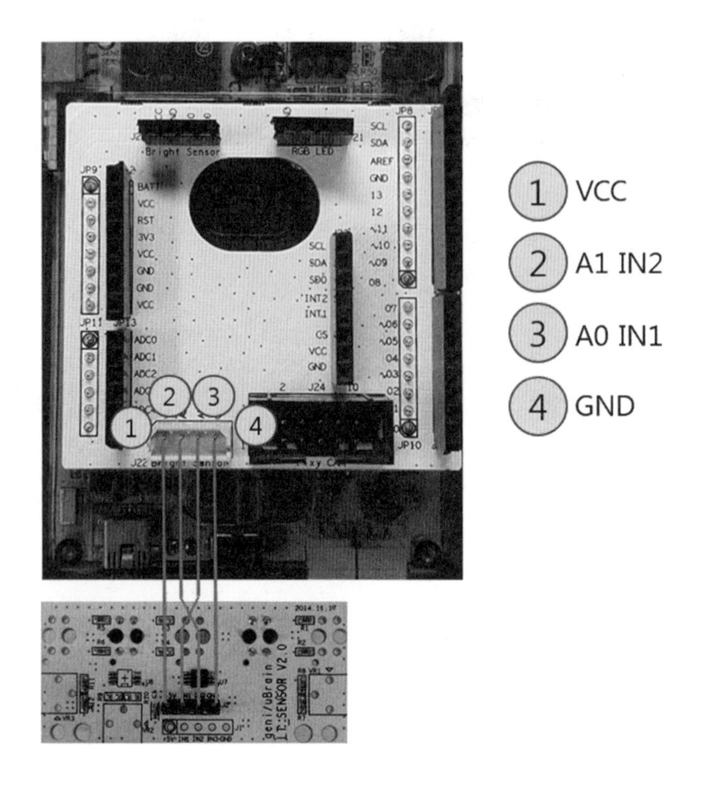

⑤ 이번 장에서는 두 개의 적외선 센서를 이용해서 검은색으로 된 선 안에서만 움직이는 탱크를 만들어 보겠습니다. 앞 장에서는 적외선 센서만을 이용하여 흑백을 구별하는 것을 배웠으니 이번에는 그것을 이용해서 검은 선을 만나면 후진을 해서 검은 선 안에서만 움직여 보도록 합니다.

⑥ 일단 1단계에서는 검은 선 안에서만 움직이려면 어떤 방향으로 움직여야 되는지 판단해 봅시다.

▪ 탱크가 진행을 하면서 검은 선이 없으면 계속 전진을, 왼쪽에 검은 선이 있으면 우회전, 오른쪽에 검은 선이 있으면 좌회전, 전방에 검은 선이 있으면 후진을 할 것입니다.

⑦ 두 적외선 센서의 값을 읽는 방법은 앞 장과 동일합니다.

```
클릭했을 때
무한 반복하기
  만약 아날로그 0 번의 값 읽기 > 100 라면
    만약 아날로그 1 번의 값 읽기 > 100 라면
    아니면
  아니면
    만약 아날로그 1 번의 값 읽기 > 100 라면
    아니면
```

⑧ 그다음 단계로는 검은 선의 위치와 그에 따른 탱크의 진행 방향 결정입니다.

- 적외선 센서가 두 개인 경우에 발생할 수 있는 경우의 수는 아래의 표와 같습니다.

적외선 센서 1의 센서값(x)	적외선 센서 2의 센서값(y)	검은 선의 위치	탱크의 진행 방향
x 〉 100	y 〉 100	없음	앞으로
x 〉 100	y 〈 100	왼쪽	오른쪽으로
x 〈 100	y 〉 100	오른쪽	왼쪽으로
x 〈 100	y 〈 100	앞쪽	정지

▪ 두 적외선 센서의 값이 100이 넘는 경우

▪ 적외선 센서 1의 값만 100을 넘는 경우

- 적외선 센서 2의 값만 100을 넘는 경우

- 두 적외선 센서의 값이 모두 100 미만일 경우

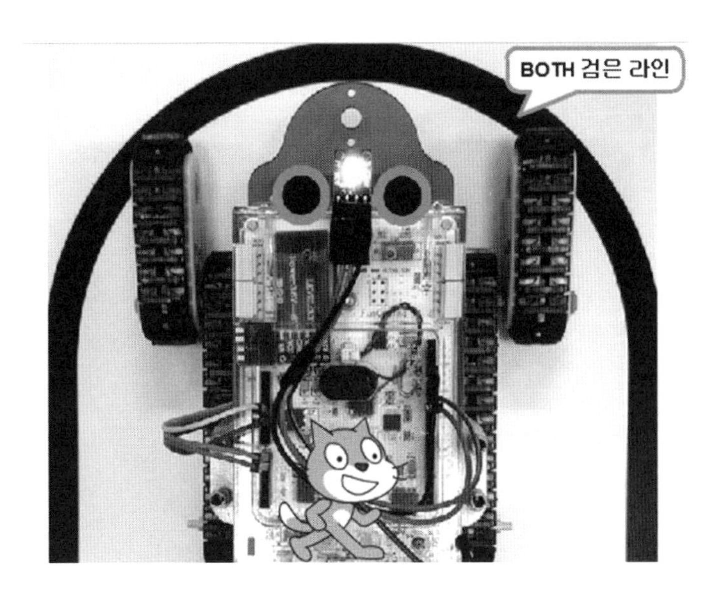

⑨ 이것을 종합하여 무대에 표시하면 다음과 같습니다.

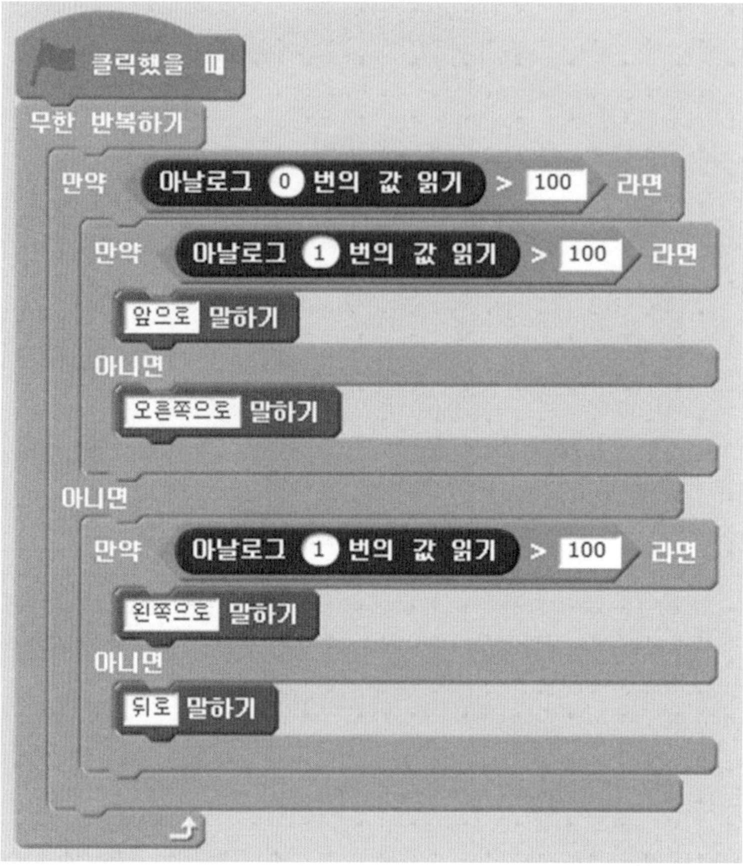

```
클릭했을 때
무한 반복하기
  만약 아날로그 0 번의 값 읽기 > 100 라면
    만약 아날로그 1 번의 값 읽기 > 100 라면
      앞으로 말하기
    아니면
      오른쪽으로 말하기
  아니면
    만약 아날로그 1 번의 값 읽기 > 100 라면
      왼쪽으로 말하기
    아니면
      뒤로 말하기
```

(2) 2단계: 구역 안에서만 움직이기

> 이번에는 구역 안에서만 움직여 볼 거야.
> 진행 방향에 따라 움직이도록 도와줘.

① 1단계에서는 검은 선의 위치에 따른 탱크의 진행 방향을 말하기 블록을 이용해서 무대에 표시만 했었습니다. 2단계에서는 표시에 더불어 직접 탱크를 움직여 보겠습니다.

② 두 센서의 값을 읽는 방법은 1단계와 동일하고 탱크를 직접 움직이기 위하여 모터에 대한 입출력 설정을 추가합니다.

③ 여기에서 탱크의 진행 방향에 대한 실제 블록을 추가하면 됩니다.

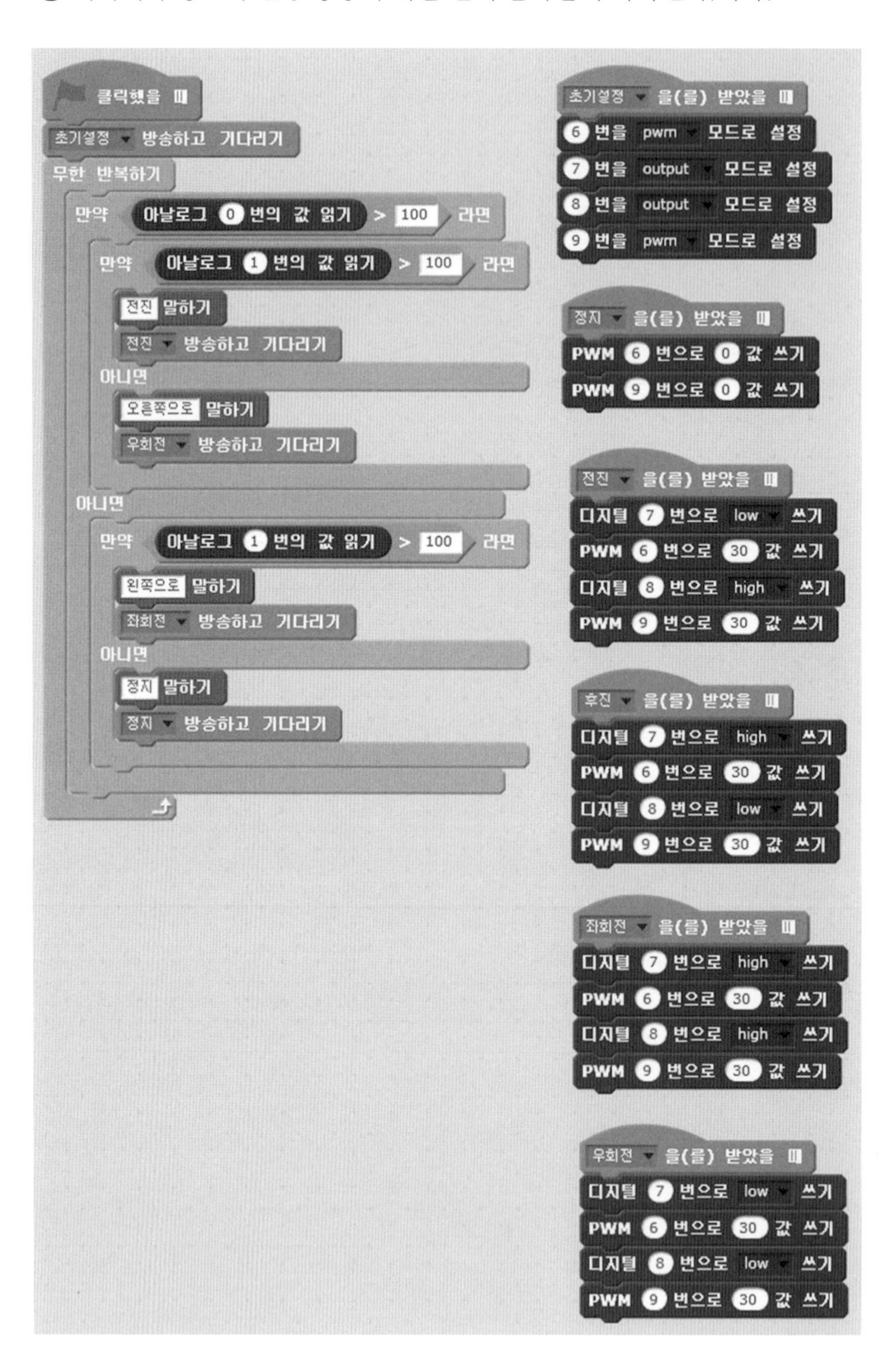

- 블록을 완성하여 직접 움직여 봅니다.
- 프로그램을 정지 후에도 모터가 움직이는 것을 방지하여 정지해 주는 스프라이트를 추가해 줍니다.

5) 생각과 나눔

(1) 생각하기

앞에서 배웠던 것을 이용하여 자유롭게 생각해 보고, 만든 것을 친구들과 서로 이야기해 봅시다.

(2) 이야기 나누기

- 위의 예제와 달리 적외선 센서를 이용해서 흰 선을 따라가려면 어떻게 해야 할까요? 또한, 어려움은 없을까요?
- 만약 세 개의 적외선 센서를 사용하여 검은 선을 따라가게 하려면 각각의 센서값이 어떠할 때 어느 방향으로 움직여야 할까요?
- 이번 장에서 배운 내용을 실생활에 어떻게 사용할 수 있을지 생각해 봅시다.

6) 배운 내용 정리하기

이번 장에서 우리는 지난 장에서 학습한 적외선 센서와 DC모터를 이용하여 학습을 했습니다. 학습을 통해서 적외선 센서는 흑백을 구분할 수 있고, 이것을 이용하면 구역 안에서만 움직이게 하거나 선을 따라 움직일 수도 있었습니다. 이와 같이 한 가지 센서의 기능으로 여러 가지 동작을 할 수 있었어요. 앞으로도 이와 같은 응용을 통해서 좀 더 다양한 방법으로 움직여 봅시다. 이번 장에서 배운 것을 정리하면 다음과 같습니다.

- 적외선 센서의 적외선은 검은색을 만나면 반사를 못 합니다.
- 적외선 센서를 이용하면 흑백을 구분할 수 있습니다.
- 두 개의 적외선 센서를 이용하면 구역 안에서만 움직일 수 있습니다.
- 다양한 센서를 이용하여 로봇을 움직일 수 있습니다.

부록 1

스크래치 사용법

스크래치 사용법

1 소개

스크래치(Scratch)는 새로운 프로그래밍 언어입니다. 서로 상호 대화할 수 있는 이야기와 게임, 애니메이션을 쉽게 만들 수 있습니다. 그리고 여러분이 만든 멋진 작품을 인터넷에서 서로 공유할 수 있습니다.

스크래치 프로젝트는 스프라이트라고 부르는 객체들로 만들어집니다. 여러분은 스프라이트에게 다른 그림(코스튬, costume)을 적용하는 방법으로 스프라이트의 모습을 바꿀 수 있습니다. 이런 스프라이트는 사람 모습이나 기차, 나비나 그 어떤 것이든지 만들 수 있습니다. 또 모든 이미지를 그림(코스튬, costume)으로 사용할 수 있습니다.

또한, 스프라이트에게 명령을 할 수도 있습니다. 예를 들어 움직이라고 하든지, 음악을 연주하라고 하든지, 아니면 다른 스프라이트에 대해 반응하라고 말할 수 있습니다. 스프라이트가 할 행동을 알려주려면, 스크립트라고 부르는 그래픽 블록들을 모아서 쌓아 놓으면 됩니다. 스크립트를 더블 클릭하면 스크래치는 블록의 위에서부터 아래로 차례로 실행됩니다.

2 기능

1) 스크래치 화면 구성

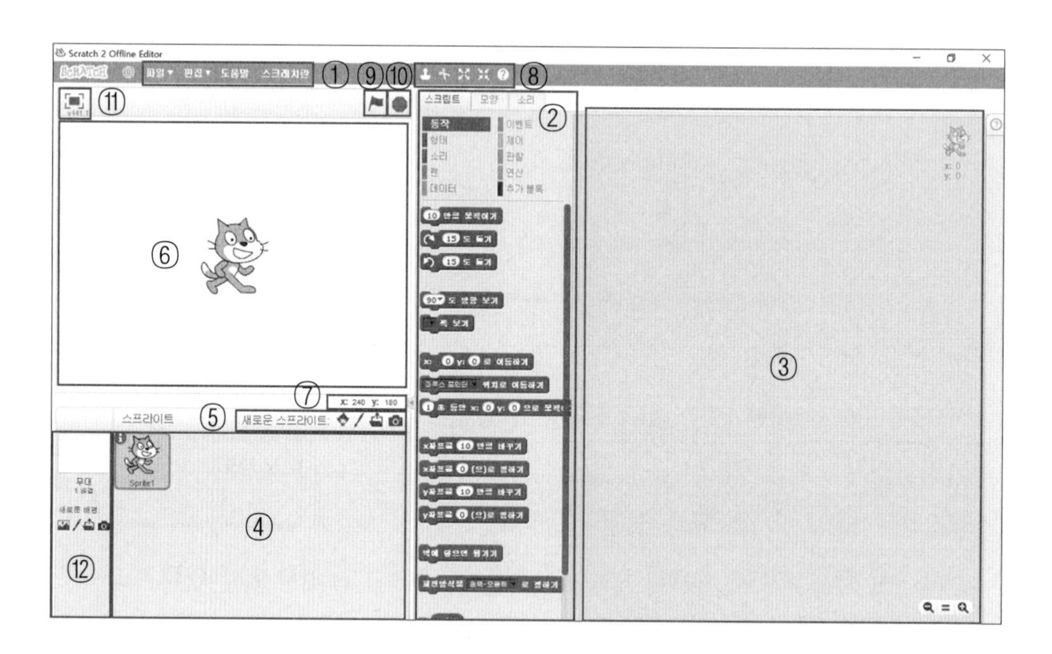

① 메뉴	② 블록 팔레트	③ 스크립트 창
④ 스프라이트 목록	⑤ 새 스프라이트 버튼	⑥ 스테이지
⑦ 스프라이트 정보	⑧ 도구	⑨ 녹색 깃발
⑩ 정지 버튼	⑪ 전체 화면 모드	⑫ 새로운 배경

2) 스크래치 기능 이해

(1) 스테이지 - ⑥

스테이지는 여러분의 이야기나 게임 또는 애니메이션이 살아 있는 것처럼 보이는 곳입니다. 스프라이트는 스테이지 위에서 움직이기도 하고 다른 스프라이트들과 서로 상호작용하기도 합니다.

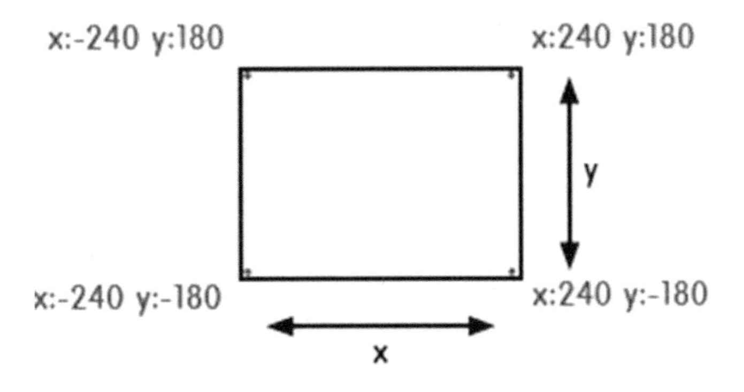

마우스의 x좌표: **100**
마우스의 y좌표: **97**

스테이지 폭은 480이고 높이는 360이고 x-y 격자로 나뉘어 있습니다. 스테이지의 중앙은 x좌표 0, y좌표 0입니다.

스테이지에서 x-y 좌표를 알려면, 마우스를 가져다 대고 왼쪽 그림과 같이 스테이지 오른쪽 아래에 표시되는 마우스의 x-y 위치를 보면 됩니다.

(2) 전체 화면 모드 - ⑪

전체 화면 모드 버튼을 클릭하면 프로젝트를 전체 화면 크기로 볼 수 있습니다. 전체 화면 모드를 끝내려면 Esc 키를 누르면 됩니다.

(3) 새 스프라이트 버튼 - ⑤

여러분이 스크래치 프로젝트를 새롭게 시작할 때, 한 마리의 고양이 스프라이트가 있을 겁니다.

만약 스프라이트를 삭제하려면, 도구에서 가위를 선택한 후 삭제할 스프라이트를 클릭합니다. 또는 삭제할 스프라이트 위에서 오른쪽 마우스를 클릭하면 나오는 메뉴에서 '삭제'를 클릭합니다.

(4) 스프라이트 목록 - ④

스프라이트 목록은 프로젝트에 들어간 모든 스프라이트의 목록을 작은 그림으로 보여 줍니다. 각각의 스프라이트는 이름과 몇 개의 스크립트를 포함하고 있는지, 몇 개의 코스튬을 가지고 있는지를 함께 보여 줍니다.

스프라이트의 스크립트, 그림(코스튬, costume), 소리를 보거나 편집하려면 스프라이트 목록에서 작은 그림을 클릭하거나 스테이지 위에 있는 스프라이트를 더블 클릭하면 됩니다. 스프라이트 겉모습은 코스튬을 전환하여 바꿀 수 있습니다.

스프라이트 리스트에서 작은 그림을 드래그해서 다시 정렬할 수 있습니다.

스테이지에 스크립트, 배경, 소리를 결합시키려면 스프라이트 리스트 왼쪽에 있는 무대 아이콘을 클릭하세요.

(5) 블록 팔레트 - ②

스프라이트에 프로그래밍(명령 주기)하려면, 블록 팔레트에서 블록을 드래그해서 스크립트 창으로 옮겨 놓으면 됩니다. 이 블록을 더블 클릭하면 실행됩니다.

블록을 모아 붙여서 결합하면 스크립트를 만들 수 있습니다. 블록 묶음의 아무 곳이나 더블 클릭하면 결합한 스크립트가 위에서 아래로 차례로 실행됩니다.

블록이 어떤 동작을 하는지 알고 싶다면 해당 블록 위에서 오른쪽 마우스를 클릭하여 나오는 팝업 메뉴에서 도움말을 선택하세요. 그런데 이 도움말은 영어로 되어 있어서 이해하기 힘들다면 다음에 나오는 블록 설명을 참고하세요.

스크립트 공간에 블록을 드래그하여 가져갈 때, 다른 블록과의 연결이 유효하거나 블록을 넣을 수 있는 곳에 흰색 줄이 표시됩니다.

블록은 블록 묶음의 가운데나 맨 아래에서 삽입할 수 있습니다.

블록 묶음을 옮기려면 맨 위 블록을 클릭하면 들어 옮길 수 있습니다. 만약 블록 묶음 중간에서 블록 하나를 빼내려면 해당 블록을 드래그해서 꺼내면 되고, 그 블록과 함께 결합되어 있는 블록은 함께 옮겨집니다.

어떤 블록들은 10 만큼 움직이기 와 같이 편집할 수 있는 텍스트 상자를 가지고 있습니다. 값을 바꾸려면 흰색 부분을 클릭하고 기존의 값을 지운 후에 새로운 값을 써 넣으면 됩니다. 또한, x좌표 처럼 둥근 모서리를 가진 블록은 텍스트 상자에 넣을 수 있습니다.

블록들 중에는 자리로 가기 처럼 풀다운 메뉴를 가지고 있습니다. 역삼각형 모양의 □를 클릭하여 원하는 메뉴를 클릭하여 선택하면 됩니다.

(6) 그림(코스튬, costumes) - ②

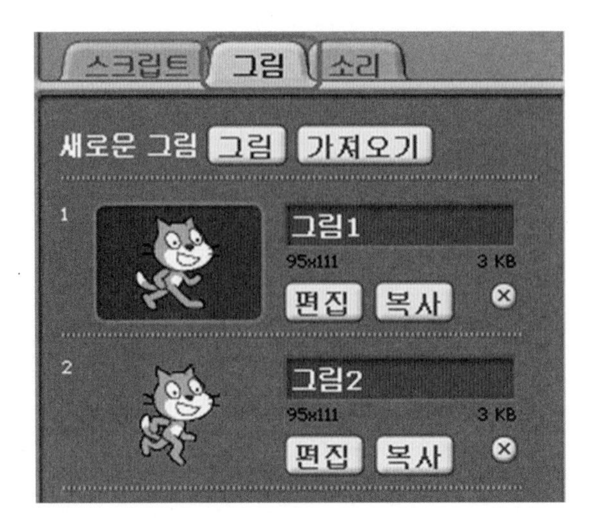

그림 탭을 선택하면 스프라이트의 그림을 보거나 편집할 수 있습니다.

이 스프라이트는 두 개의 그림을 가지고 있습니다. 현재 스프라이트의 그림은 파란색 테두리로 선택되어 있습니다. 다른 그림으로 변경하려면, 원하는 그림을 클릭하기만 하면 됩니다.

새로운 그림을 만드는 방법은 2가지가 있습니다.

첫째, [그림]을 클릭하면 그림판에서 새 그림을 그릴 수 있습니다.

둘째, [가져오기]를 클릭하면 저장되어 있는 이미지를 가져오기 할 수 있습니다.

스크래치는 JPG, BMP, PNG, GIF(animated GIF 포함) 이미지 포맷을 지원합니다. 각 그림은 그림 번호를 가지고 있습니다. 작은 그림을 드래그해서 그림 정렬 순서를 다시 정렬할 수 있습니다.

(7) 소리 - ②

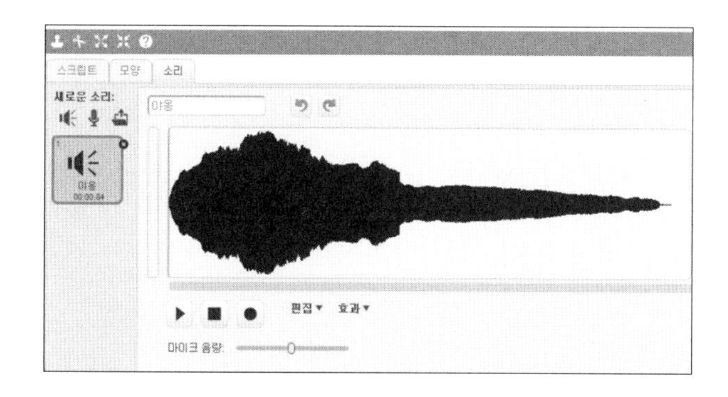

소리 탭을 선택해서 스프라이트의 소리를 알 수 있습니다.

새로운 소리를 녹음하거나 새 소리 파일을 불러올 수 있습니다.

(8) 스프라이트 정보 - ⑦

스프라이트 정보는 스프라이트 이름과 x-y좌표, 방향, 스프라이트 잠금 버튼을 보여 줍니다.

(9) 도구 - ⑧

도구를 선택하고서 다른 객체를 클릭하면 실행됩니다.

선택: 블록이나 스프라이트를 선택하거나 이동, 보통 상태

복사: 스프라이트, 그림, 소리, 블록, 스크립트를 복사(여러 개 선택은 Shift + 클릭)

삭제: 스프라이트, 그림, 소리, 블록, 스크립트를 삭제

확대: 스프라이트 크기를 더 크게(가장 큰 크기는 Shift + 클릭)

축소: 스프라이트 크기를 더 작게(가장 작은 크기는 Shift + 클릭)

(10) 메뉴 - ①

(11) 녹색 깃발 - ⑨

녹색 깃발은 여러 스크립트를 동시에 시작하는 아주 편리한 방법입니다.

맨 위에 클릭되었을 때 과 같은 블록이 있는 모든 스크립트를 시작하려면 녹색 깃발을 클릭하세요.

전체 화면 모드에서는 화면의 우측 상단 모서리에 과 같은 작은 아이콘으로 나타납니다. 엔터 키를 눌러도 녹색 깃발을 누른 것과 같은 효과를 보입니다.

(12) 모두 중지 - ⑩

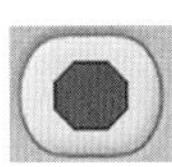 스크립트의 실행을 모두 중지합니다.

3 공유 기능

1) 스크래치 사이트에 공유

① 메뉴의 '공유' 버튼을 클릭합니다.

② 다음 그림과 같이 Scratch 웹 사이트 ID, 암호, 프로젝트 이름(영어로), 프로젝트 메모를 각각 입력합니다.

- 스크래치 사이트는 세계 여러 나라의 사람들이 이용하는 곳이므로 프로젝트 이름은 되도록 영어로 입력하는 것이 좋습니다.

③ 만약 ID가 없다면 '계정 만들기' 버튼을 눌러 가입을 합니다.

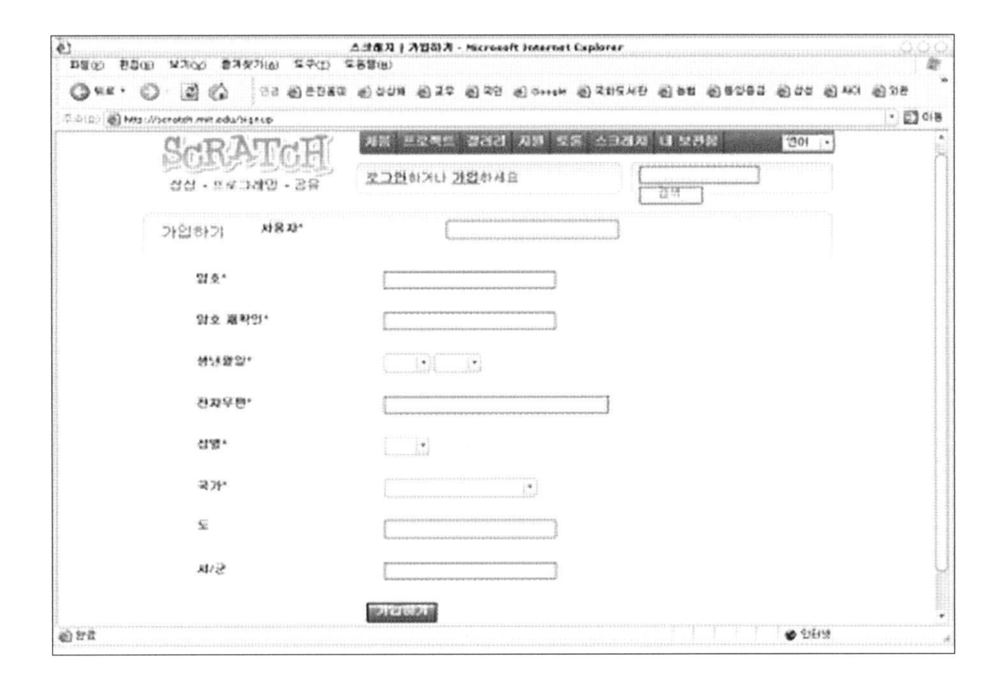

④ 웹에 올리는 중에는 아래와 같은 창이 뜹니다.

⑤ 모든 작업이 완료되면 아래와 같은 창이 뜬다.

⑥ 스크래치 사이트에 접속하여 공유된 자신의 프로젝트를 확인합니다. 최신 프로젝트에 등록되어 있는 것을 확인할 수 있습니다.

⑦ 메뉴의 '내 보관함'에서도 자신이 공유한 프로젝트를 확인할 수 있습니다.

2) 다른 웹 사이트에 공유

① 오른쪽 메뉴에서 '프로젝트 링크하기'에서 끼워넣기를 클릭합니다.

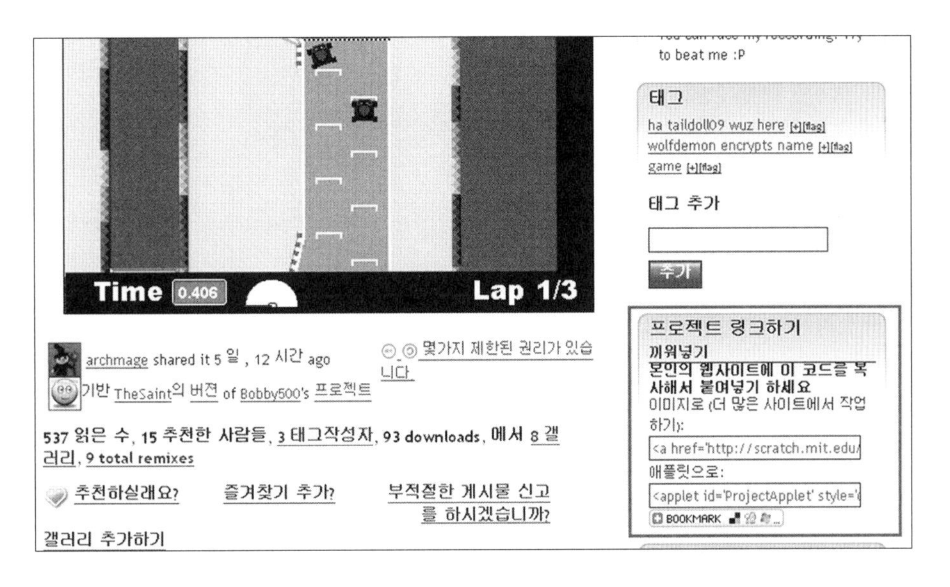

② '애플릿으로'의 코드를 복사해서 글쓰기 창에 붙입니다.

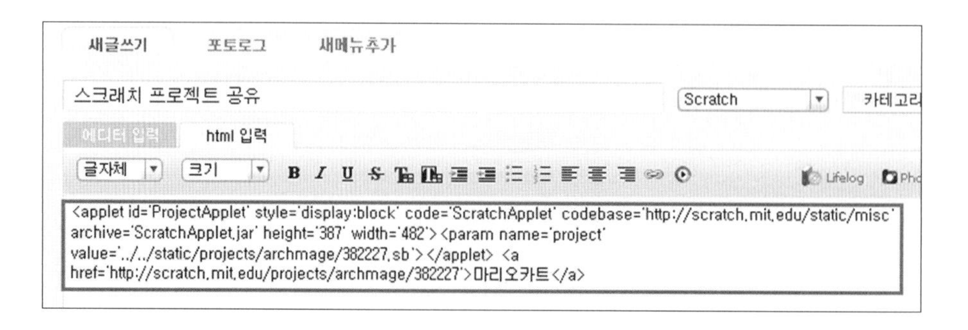

③ 바로 실행할 수 있는 형태로 등록됩니다.

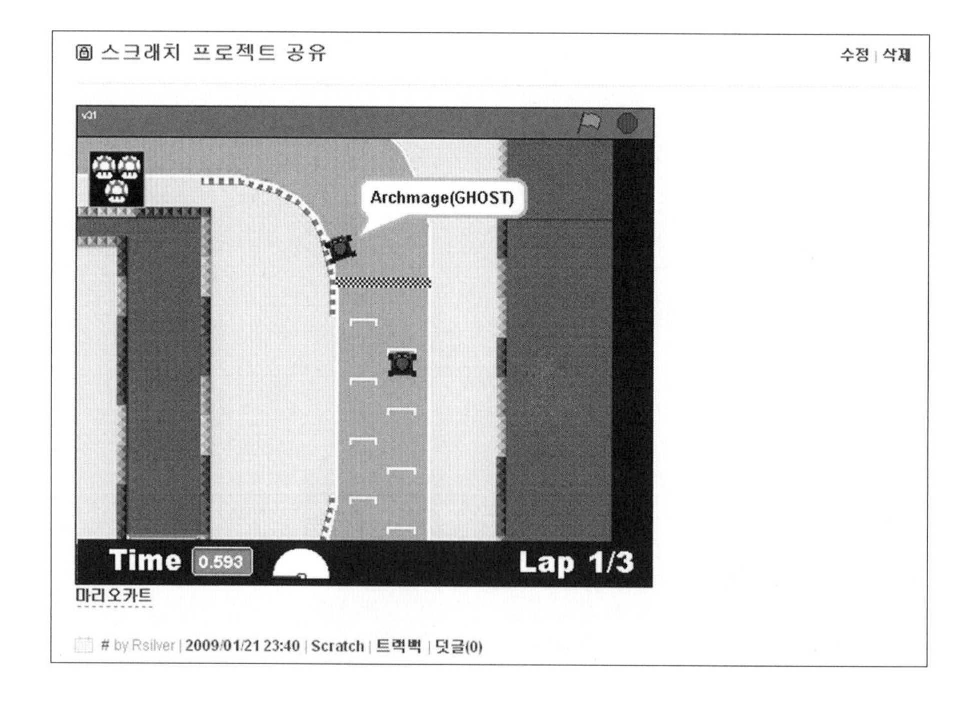

부록 2
응용 가능한 센서 모음

부록으로는 FunTank에 추가로 연결하여 사용할 수 있는 다양한 기능의 센서들을 소개하고, 이들 센서로 응용 가능한 분야를 소개합니다.

응용 가능한 센서 모음

A-1. 인체감지 센서

인체감지 센서는 적외선을 이용하여 사람을 감지할 수 있는 것으로, CCTV 등에 자주 이용됩니다. 인체감지 센서를 이용하여 도서관처럼 사람 수를 세는 계수기를 만들 수도 있고, FunTank에 부착하여 사람이 움직일 때는 멈춰 있도록 만들 수 있습니다.

A-2. 토양 온습도 센서

토양 온습도 센서는 토양에 직접 닿아서 온도와 습도를 측정할 수 있는 센서입니다. 이 센서를 이용하여 화분의 온도와 습도에 따라 자동으로 물을 주는 장치를 만들 수 있습니다.

A-3. 알코올 센서

알코올 센서는 알코올을 감지할 수 있는 센서입니다. 이 센서를 이용하면 교통 경찰들이 사용하는 음주 측정기를 만들 수 있습니다. 또한, FunTank에 장착하여 알코올을 감지하면 비틀비틀 운전할 수도 있습니다.

A-4. RFID

RFID는 통신 장치의 일종으로서 안테나를 이용하여 무선으로 데이터를 송신하는 장치를 말합니다. 소형의 칩에 상품 정보 등을 저장할 수 있고, 대표적으로 교통카드에 사용됩니다. RFID는 장치마다 고유의 ID를 가지고 있기 때문에 이것을 이용하여 자신만 사용할 수 있는 FunTank를 만들 수 있습니다.

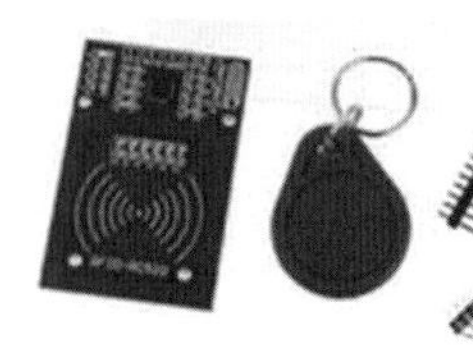

A-5. 컬러 인식 센서

컬러 센서는 컬러를 인식할 수 있는 센서입니다. 이 센서를 이용하면 컬러를 인식하여 그에 따라 동작을 취할 수 있습니다. 예를 들어 주차장에 색을 표시하여 FunTank가 주차할 수 있는 곳에서만 주차할 수 있습니다.

A-6. 심장박동 패턴 센서

심장박동 패턴 센서는 사람의 심장박동 패턴을 감지할 수 있는 센서입니다. 이것을 이용하면 보건소에 있는 심장박동 측정기를 만들 수도 있고, 거짓말 탐지기도 만들 수 있습니다.

A-7. 수분 감지 센서

워터 센서는 직접적으로 물이 닿았을 때를 감지하는 센서입니다. 이것을 이용하면 물탱크나 배관에 부착하여 누수를 감지하는 장치를 만들 수 있습니다.

A-8. 불꽃 감지 센서

불꽃 센서는 불꽃의 특정 파장을 감지하여 불꽃을 감지할 수 있는 센서를 말합니다. 이것을 이용하여 화재를 알려주는 화재 경보 장치를 만들 수 있습니다.

A-9. 압력 센서

압력센서는 누르는 힘을 측정할 수 있는 센서입니다. 이것을 이용하여 악력기를 만들 수 있습니다. 또한, 누르는 힘에 따라 FunTank의 속도를 제어할 수 있습니다.

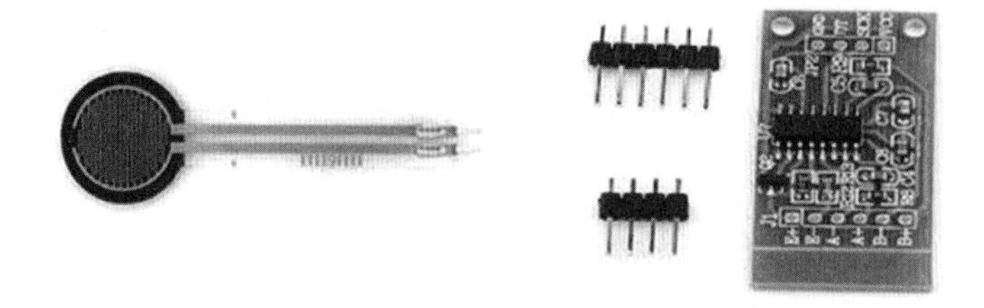

A-10. 근육 센서

근육 센서는 사람이 근육을 사용할 때 발생하는 일정한 패턴을 감지하여 전기적 신호로 바꾸어 주는 역할을 합니다. 근육 센서와 기울기 센서를 사용자의 팔에 밴드 형식으로 붙이고, 팔의 위치를 바꾸거나 힘을 주는 것에 의해 FunTank를 조정할 수 있습니다.

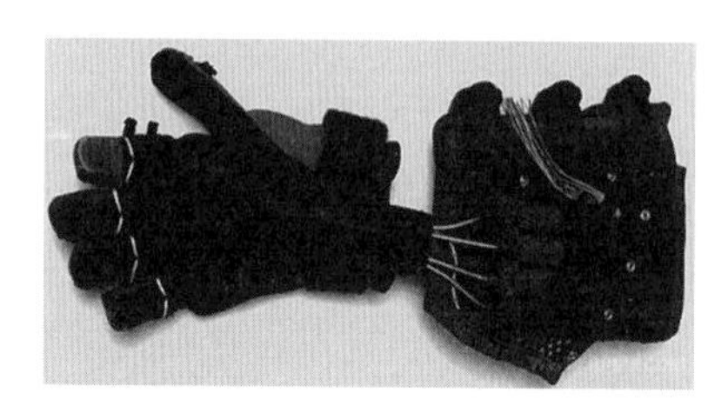

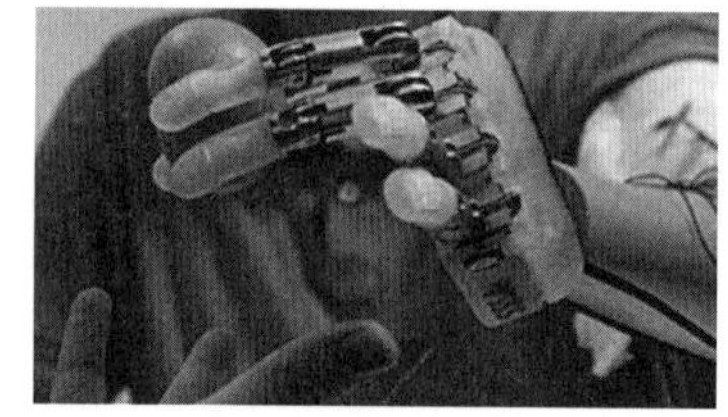

<참고문헌>

1. 박신성, 아두이노 프로그래밍으로 배우는 창의설계 코딩, 광문각, 2018

스크래치 프로그래밍으로 배우는

창의설계 코딩

2019년 2월 28일 1판 1쇄 인 쇄
2019년 3월 5일 1판 1쇄 발 행

지 은 이 : 박 신 성
펴 낸 이 : 박 정 태

펴 낸 곳 : **광 문 각**

10881
경기도 파주시 파주출판문화도시 광인사길 161
광문각 B/D 4층
등 록 : 1991. 5. 31 제12 - 484호
전 화(代) : 031-955-8787
팩 스 : 031-955-3730
E - mail : kwangmk7@hanmail.net
홈페이지 : www.kwangmoonkag.co.kr

ISBN : 978-89-7093-935-3 93560

값 : 15,000원

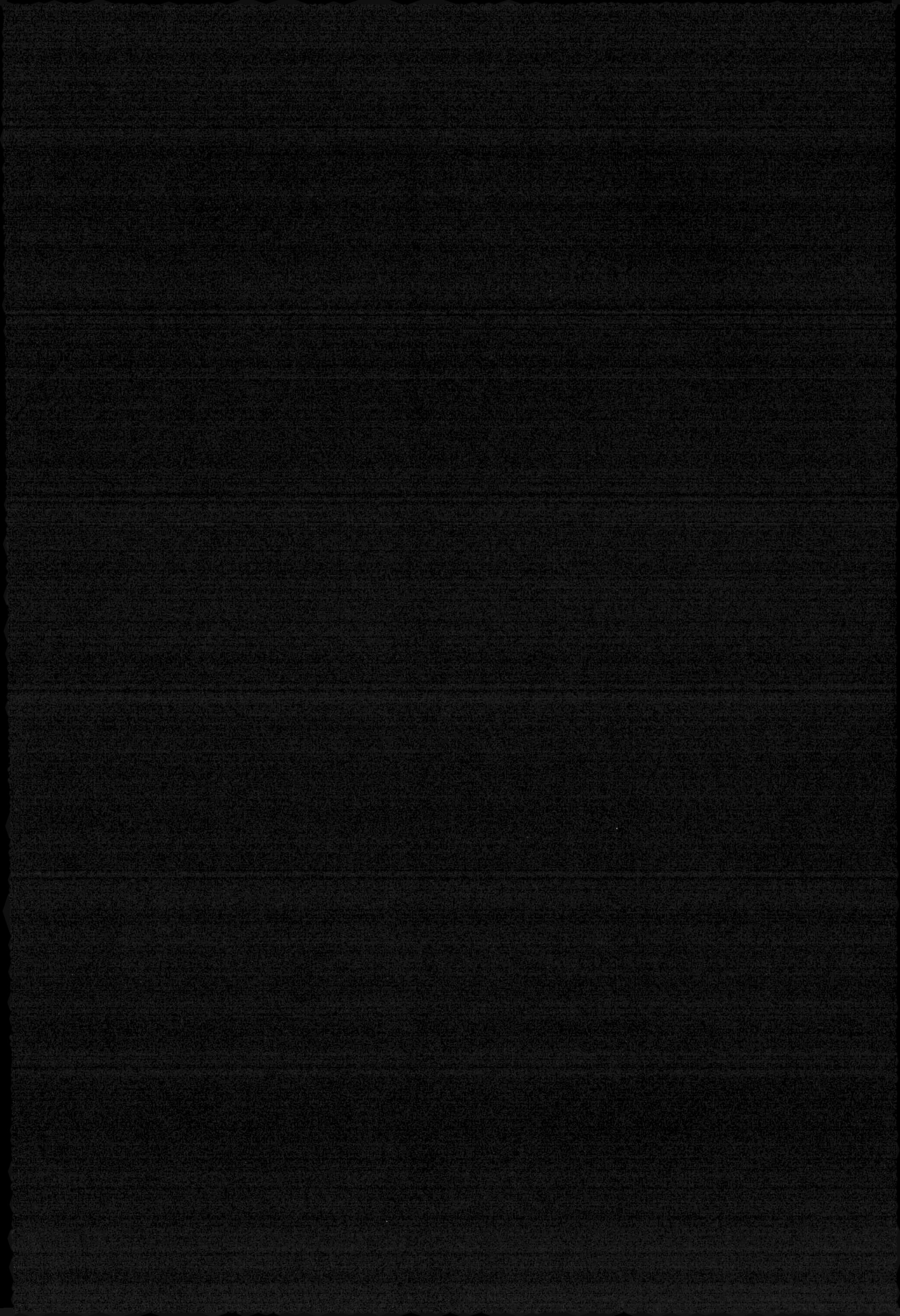